从新手到高手

AI绘画

+LoRA模型训练 从新手到高手

刘双亚 朱翔宇 / 编著

清華大學出版社
北 京

内 容 简 介

本书是一本围绕 AI 绘画的学习和使用展开的教程，主要介绍 AI 绘画的使用方式及模型训练技巧，同时结合作者丰富的实践经验，总结了常见场景下的 AI 绘画实践。书中的案例富有指导性、启发性。

本书共 5 章，内容全面，逻辑清晰，语言平实易懂，主要包含 AI 绘画基础知识、插件使用及模型训练、案例实践三部分。第 1 章讲解 AI 绘画的基本概念，让读者有一个对 AI 绘画的基础认识。第 2 章介绍 AI 绘画软件的安装和使用技巧。第 3 章介绍提示词的写作框架、常见的描述词分类和图例，以帮助读者建立 AI 绘画的基本能力。第 4 章介绍几款常见插件的使用，并深入介绍模型的训练步骤，帮助读者建立拓宽创作边界的能力。第 5 章详细介绍几个场景下的实践流程，帮助读者融会贯通，学以致用。

本书适合对 AI 绘画感兴趣的初学者、设计师、艺术从业者，以及对绘画有需求的电商运营者、自媒体等相关人员阅读。希望读者通过学习本书可以了解到 AI 绘画的最新发展，掌握其关键技术，并应用于自己的艺术创作中，从而开拓出具有创新艺术风格的作品。

图书在版编目 (CIP) 数据

AI 绘画 +LoRA 模型训练从新手到高手 / 刘双亚，朱翔宇编著 . —北京：清华大学出版社，2024.4
（从新手到高手）
ISBN 978-7-302-66162-7

Ⅰ . ① A… Ⅱ . ①刘… ②朱… Ⅲ . ①图像处理软件—教材 Ⅳ . ① TP391.413

中国国家版本馆 CIP 数据核字 (2024) 第 086252 号

责任编辑：陈绿春
封面设计：潘国文
版式设计：方加青
责任校对：胡伟民
责任印制：沈　露

出版发行：清华大学出版社
　　　　　网　　　址：https://www.tup.com.cn，https://www.wqxuetang.com
　　　　　地　　　址：北京清华大学学研大厦 A 座　　　　　邮　　编：100084
　　　　　社 总 机：010-83470000　　　　　邮　　购：010-62786544
　　　　　投稿与读者服务：010-62776969，c-service@tup.tsinghua.edu.cn
　　　　　质 量 反 馈：010-62772015，zhiliang@tup.tsinghua.edu.cn
印 装 者：三河市铭诚印务有限公司
经　　销：全国新华书店
开　　本：188mm×260mm　　　印　　张：12.5　　　字　　数：430 千字
版　　次：2024 年 6 月第 1 版　　　印　　次：2024 年 6 月第 1 次印刷
定　　价：99.00 元

产品编号：102804-01

如何阅读本书

在阅读本书时，建议首先按照书中的章节顺序学习，并按照实践步骤操作一遍。当然，如果对部分章节的内容比较熟悉，也可直接跳过。

本书内容共5章，各章内容说明如下。

第1章介绍AI绘画的基本概念、工具软件以及当前的一些应用场景，帮助读者建立起对AI绘画的基础认知，为后续章节的学习提供坚实的基础。

第2章深入介绍两款AI绘画软件——Stable Diffusion和Midjourney的安装和使用方法，帮助读者掌握使用这些软件进行基本绘画和设计的能力。

第3章介绍如何通过提示词与AI进行有效的沟通，以准确传达创作意图。本书通过大量归类的提示词及图片案例向读者展示各式各样的效果，帮助读者建立创作的基本词汇库，获得提示词编写的基本能力。

第4章探讨AI绘画的高级功能，包括开源模型与插件的使用，自定义的模型训练以及Midjourney的进阶用法，帮助读者拓展创作能力，实现更复杂和精细的创作任务。

第5章选取了6个应用案例，向读者展示AI绘画的具体实践流程，希望这些实践案例能起到一些参考的作用，为读者指明方向。

本书资源及技术支持

本书配套资源请扫描下面的二维码进行下载。如果在配套资源的下载过程中碰到问题，请联系陈老师（chenlch@tup.tsinghua.edu.cn）。如果有任何技术性问题，请扫描下面的技术支持二维码，联系相关人员进行解决。

配套资源　　　　　　　　　技术支持

2024年5月

编者

CONTENTS 目录

第1章 认识 AI 绘画

第2章 AI 软件的安装与使用

第3章 提示词的写法

第5章　应用案例精讲

第4章　AI绘画高级功能

第1章
认识 AI 绘画

AI绘画作为新兴的创作工具，具有许多潜在的优势和应用场景。学习AI绘画不仅可以拓宽艺术创作领域，还可以提升创作效率和创意表达能力。在深入应用之前，读者可以先认识AI绘画，了解其基本概念和软件工具的基本情况，这样才能更好地理解AI绘画的原理和技术，为创作提供更准确的指导和优化。因此，本章将从AI绘画的概念、工具软件和应用场景三个方面进行介绍，让读者对AI绘画有基本的认知。

1.1
什么是 AI 绘画

1.1.1 AI 绘画的基本概念

AI绘画（Artificial Intelligence Painting）是指利用人工智能（AI）技术来生成或辅助创作绘画作品的过程。

在传统绘画中，创作者需要拿起画笔，在画板上一笔一画地绘制出创意和情感。可能需要根据光线、颜色和形状等因素，调整画笔和颜料。这个过程需要花费大量时间和精力，而且需要良好的绘画技巧和扎实的艺术理论基础，如图1-1所示。

图1-1　传统作画方式

AI绘画的过程则完全不同，用户不再需要亲自拿起画笔，也不需要深厚的艺术背景知识。只需要告诉计算机，想要画什么样的画作，例如喜欢的风格、颜色、背景、人物等。然后，计算机便会根据描述自动创作出一幅画作，如图1-2所示。

AI绘画的过程像是让计算机成为用户的个人画家，用户只需要提供创意和想法，然后让计算机帮助用户把这些想法转换为可视的艺术作品。这种方式使绘画创作变得更加方便快捷，让更多人有机会享受到创作和欣赏艺术的乐趣。

图1-2　AI绘画方式

要让计算机能够画画，需要用到一种叫人工智能（Artificial Intelligence）的技术。人工智能方面的术语有很多，例如机器学习、深度学习、算法模型等。对基本概念的理解，是学习新领域知识的必经之路，接下来为读者介绍一些人工智能方面的基本术语。

1. 人工智能

人工智能（Artificial Intelligence）是一个广泛的概念，简单来说，任何能够让计算机或者机器"变聪明"，能够执行通常需要人类智能才能完成的任务，如理解语言、识别图像、解决问题、做出决策等，都属于人工智能的范畴。

2. 机器学习

机器学习是人工智能的一个子领域，更加具体地说，它是实现人工智能的一种方法。机器学习的核心概念是让机器从数据中学习，而不是明确地对机器进行策略性编程。例如，通过机器学习，机器可以在观察大量的猫的图片之后，学习并理解"猫"这一概念，然后在新的图像中识别出猫。

3. 深度学习

深度学习是机器学习的一种方法，它模仿了人脑的工作方式。人脑由许多神经元组成，这些神经元通过电信号来传递和处理信息。深度学习使用了称为神经网络的结构，这就像是计算机版的神经元，可以帮助计算机更好地理解和学习复杂的信息。

4. 算法模型

在机器学习和深度学习中，算法模型通常指的是特定的框架或者方法，这个方法指导计算机如何从数据中学习和做出预测。

可以把算法模型想象成一个模具或一个筛子。用户将数据（如图片、文字等）放进去后，算法模型就会根据它的"形状"（也就是预先设定的规则）对数据进行处理，然后输出用户需要的结果（如预测、分类等）。深度学习中常用的神经网络模型，就像一个模拟人脑的复杂网络，数据在网络中流动，经过各种处理和转换，最后产生预测结果。这就像信息在人的大脑中流动，经过不同的神经元处理后，最终做出决策。

总而言之，算法模型就是一种指导计算机如何从数据中学习，以及如何根据学习到的内容做出预测的方法或框架。不同的算法模型有不同的"形状"，适合处理不同类型的问题。

5. 模型训练

模型训练就是让机器学习或深度学习的模型从数据中学习，以便它能够完成特定的任务，例如预测、分类、生成等。

假设要训练一个模型，目的是让它能够识别图片中的猫。那么需要很多包含猫和其他物体的图片，每张图片都有标签告诉模型图片中是否有猫。这就是训练数据。

在训练过程中，把这些图片和对应的标签（是否有猫）输入模型。模型会尝试找出图片特征和标签之间的关系。模型在训练过程中会不断调整自身的参数，使得自己的预测结果尽可能接近真实的标签。

训练结束后，就得到了一个能够识别猫的模型。当给它一张新的图片（这张图片在训练过程中从未出现过），它就能判断出图片中是否有猫。

模型训练就是让模型从已知的数据中学习，以便它能够对未知的数据做出准确的预测。这个过程类似学生在学校里学习知识，然后在考试中使用这些知识解答问题一样。模型训练是学习的过程，而算法模型，就类似人脑。

6. 初始化模型和已训模型

一个未经过训练的模型通常被称为"未训练模型"或者"初始化模型"。这种模型已经定义了其结构（例如神经网络的层数、每层的神经元数量等），但是它的参数（例如神经网络的权重和偏置）通常被设置为随机值或者某种特定的初始值，这时候它并未具备智能的能力。

经过训练的模型通常被称为"训练好的模型"或者"已训练模型"。这种模型的参数已经通过训练数据进行了调整，使得模型能够完成某项特定任务，如分类、回归或者生成等。

1.1.2 AI绘画的基本原理

能够实现AI绘画的算法模型有多种类型，AI绘画质量能够大幅提升，源于一种叫作扩散模型（Diffusion Model）的技术，本节将为读者简要介绍该模型的基本原理。

1. 扩散模型生成图像的过程

扩散模型是一种较新的图像生成模型，是生成模型的一种，在生成图像的过程中，它实际上是在不断地去除噪声，从而逐渐得到一个越来越真实、越来越精细的图像，如图1-3所示。

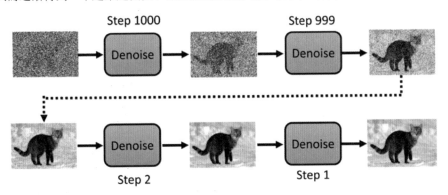

图1-3 不断去噪最终得到清晰图片

从图1-3所示的过程可知，生成图像的过程就是不断去除噪声的过程，假设步数共有1000，刚开始是一张完全随机的噪声图像，每经过一步去噪，图片就更加清楚一些，经历1000次后，最终得到一幅清晰的图像。每一步去噪都是通过一个Denoise模块来完成的，如图1-4所示，它的功能就是根据输入的图片和当前步数来预测出噪声，并减去噪声，从而让图片更加清晰。

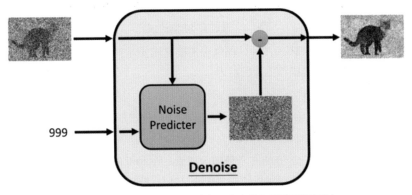

图1-4 通过预测噪声、减去噪声来获取更清晰的图片

2. Noise Predicter的训练

Denoise模块的内部包括Noise Predicter模块，该模块的功能是根据当前的图片及步数来预测出当前的噪声。Noise Predicter是一个神经网络模型，它的功能是通过训练学习得到的。接下来介绍Noise Predicter是怎样获得这种预测功能的。

一张清晰的图片叠加随机的噪声，在有限步数内，使它最终变成符合高斯分布的随机图像。这个过程实际就是生成过程的反向过程。如图1-5所示，在逐步加噪过程中，每一个步骤的步数和图像，可以作为Noise Predicter的输入，而每一步叠加的噪声，则可作为Noise Predicter的标准输出（答案）。

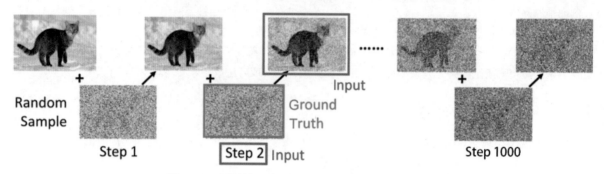

图1-5 一张图片加噪的过程，每一步都是一个训练样本

对这张清晰的图片，重复进行多次这种加噪步骤直至完全随机，就能得到每一个Step下的多组训练样本。基于这些训练样本，不断迭代优化，就能让Noise Predicter拥有预测噪声的能力。

3. 从文本到图像

实际应用中，AI绘画可以根据一段文本描述进行图像生成，如图1-6所示，文本描述干预着每一个生成的步骤。

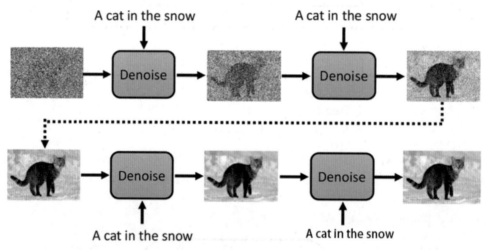

图1-6 通过文本控制生成

相对的，训练时不仅需要一幅清晰的图片，同时也需要这幅图片精确的文本描述，模型对上亿张图片进行训练学习之后，就获得了根据文本描绘图片的能力。

1.1.3 发展进程回顾

1. 早期的尝试

AI绘画在计算机出现后不久就已经开始有了最初的探索。在20世纪70年代时，艺术家Harold Cohen创造了AARON程序，AARON可以操作机械臂进行绘画。Harold对AARON的改进持续了很久，到20世纪80年代的时候，ARRON可以尝试绘制三维物体，并且不久后就可以进行彩图绘画，如图1-7所示。

图1-7　AARON绘画装置

　　2006年出现了The Painting Fool装置，如图1-8所示，The Painting Fool装置可以通过观察照片提取颜色信息，使用现实中的材料进行创作，完成的画作效果如图1-9所示。AARON程序和The Painting Fool装置都是比较初级的计算机自动绘画。

图1-8　The Painting Fool装置

图1-9　The Painting Fool完成的画作

2. 深度学习的初步应用

　　2012年，Andrew Ng和Jeff Dean进行了一次实验，使用1.6万个CPU和Youtube上一千万张猫脸图片，耗时3天训练出了当时最大的深度学习网络，并生成了一张猫脸图片，如图1-10所示。对当时的计算机视觉领域来说，这是具有突破性意义的尝试，并且正式开启了AI创作的全新方向。

3. 使用GAN网络进行AI绘画

　　2014年，AI学术界提出了一个非常重要的深度学习模型：对抗生成网络（Generative Adverserial Network, GAN）。正如同其名字"对抗生成"，这个深度学习模型的核心理念是让两个神经网络"生成器（generator）"和"判别器（discriminator）"进行激烈的竞争，其中生成器用来生成图片，而判别器用来判断图片质量，平衡之后得到结果。

　　GAN网络一经问世就风靡AI学术界，在多个领域得到了广泛的应用。它也随即成为了很多AI绘画模型的基础框架，GAN网络的出现大力推动了AI绘画的发展。

4. Diffusion Model和DALL-E的出现

　　2016年，Diffusion Model模型被提出，并开始受到广泛的关注。它的原理跟GAN完全不一样。Diffusion Model模型使用随机扩散过程来生成图像，从而避免了GAN模型中图片风格过于相似的问题。

2021年初，OpenAI发布了广受关注的DALL-E系统，该系统基于扩散模型进行训练，图1-11所示是DALL-E画一只狐狸的结果。

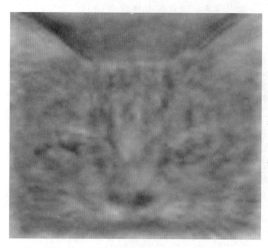

图1-10　首次使用深度学习进行绘画

图1-11　DALL-E画作

5. Disco Diffusion V5的发布

2022年的2月，由Somnai等几个开源社区的工程师联合制作了一款基于扩散模型的AI绘图生成器——Disco Diffusion。从此，AI绘画进入了发展的快车道。Disco Diffusion相比传统的AI模型更加易用，并且研究人员建立了完善的帮助文档和社群，越来越多的人开始使用Disco Diffusion创作作品。但是它生成的画面都十分的抽象，几乎无法生成具象的人，这是一个致命的缺点。图1-12所示是Disco Diffusion绘制的一些作品。

图1-12　Disco Diffusion绘画作品

6. Midjourney的发布

2022年3月，一款由Disco Diffusion的核心开发者参与建设的AI生成器Midjourney正式发布。Midjourney搭载在discord平台，借助discord聊天式的人机交互方式，不需要之前烦琐的操作，也没有十分复杂的参数调节，用户只需要向聊天窗口输入文字就可以生成图像。更关键的是，Midjourney生成的图片效果非常惊艳，如图1-13所示。

图1-13　Midjourney-1 作品

7. DALL-E2的发布

2022年4月10日，OpenAI发布了DALL-E2。无论是Disco Diffusion还是Midjourney，仔细品味还是可以看出是AI生成的，但DALL-E2的生成图质量已经相当高了，基本无法跟人类的作品进行区分，如图1-14所示。

图1-14　DALL-E2 作品

8. Stable Diffusion的发布

2022年7月，一款叫作Stable Diffusion的AI生成器开始内测，人们发现用它生成的AI绘画作品，质量可以媲美DALL-E2，而且还没有那么多限制。Stable Diffusion共邀请了 15000 名用户参与了内测，仅仅十天后，每天就有一千七百万张图片通过它生成。图1-15所示是Stable Diffusion1.X绘制的一些作品。

图1-15　Stable Diffusion1.X作品

Stable Diffusion内测不到1个月，就正式宣布开源，意味着所有人都能在本地部署Stable Diffusion，这迅速成为大家关注的焦点，人们将它跟各种各样的工具结合，例如有人将Stable Diffusion的绘图能力做成了Photoshop插件，只需要画个草图，之后就能直接生成设计稿。

2022年8月，美国科罗拉多州博览会的艺术比赛评选出了结果，一张名为《太空歌剧院》（如图1-16所示）的画作获得了第一名，但它并不是人类画师的作品，而是一个叫作Midjourney的人工智能的画作。参赛者公布这是一张AI绘画作品时，引发了很多人类画师的愤怒和焦虑。

图1-16　AI获奖作品《太空歌剧院》

1.1.4　AI 绘画可以提供的价值

作为新生事物，AI绘画的价值始终是人们普遍讨论的热点，鉴于AI绘画的特点，人们普遍认为AI具备下列价值。

1. 创新性

AI可以通过算法快速吸收和模拟不同的绘画风格、掌握不同的绘画技巧，并将它们融合在一起创造出新的风格和技巧。通过AI大规模的试错和自我学习来探索新的艺术风格和技巧，艺术创作的可能性将变得广阔，也为观众带来了更丰富多元的艺术体验。

2. 效率提升

传统的绘画创作通常需要创作者花费数小时甚至数天的时间来完成，而AI绘画则可以在几分钟甚至几秒钟内生成出质量相当的图片。这极大地节省了创作者的时间和精力，使他们可以更多地专注于创意和思考。同时这种效率的提升也会赋能各行各业，提升社会整体的效率。

3. 普及性

AI绘画降低了艺术创作的门槛，使更多的人有机会接触和参与艺术创作。任何人都可以利用AI工具进行艺术创作，只需要有基本的计算机操作技能，就能够使用AI绘画工具进行创作。这使艺术创作更加民主化，也为艺术的传播和普及开辟了新的途径。

4. 教育价值

AI绘画可以为学生提供更加多元化和创新性的艺术教育，帮助他们更好地了解和欣赏艺术，同时也可以激发他们对艺术创作的兴趣和热情。此外，AI绘画还可以为美术教师提供更加丰富和多样化的教学资源，帮助他们更好地开展教学工作。

5. 商业价值

AI绘画具有广泛的商业应用价值，例如帮助广告和营销公司创造具有创新性和视觉冲击力的图片素材，吸引更多的消费者；帮助游戏公司更快地进行角色设计和场景设计，提高游戏体验；辅助室内设计师进行效果图绘制并协助设计方案可视化呈现，帮助设计师更好地展示设计理念，提高客户满意度；另外也可以帮助文化创意者进行艺术品创作和设计，帮助创意者更快地创作作品，快速推出市场。

1.1.5　当前 AI 绘画存在的问题

AI绘画毫无疑问为艺术创作带来了巨大的可能性，但同时，它也引发了一系列深入的问题。

1. 原创性问题

传统上，人们把原创性视为是艺术创作的灵魂，是艺术家通过他们的想象力、情感和技能创造出的独一无二的作品。然而，当AI绘画能够生成精美的画作时，应该如何看待这些由算法创造出来的作品的原创性呢？这是一个挑战人们对原创性定义的问题。

2. 版权问题

传统上，艺术作品的版权属于创作者，他们可以从其作品的复制和销售中获得收益。但在AI绘画中，这一点变得模糊了。因为AI创作的作品，其创作过程并非人为可控，应该如何分配这些作品的版权呢？是归AI所有，还是归训练和编程AI的人所有，或者说这些作品根本就不应该有版权？

3. 艺术价值问题

艺术品的价值往往与其原创性、作者的名气和作品的稀有性等因素有关。但在AI绘画中，这些因素都变得不再那么重要。因为AI可以无限制地复制和创造新的艺术作品，这使得艺术品的稀有性大大降低。同时，由于AI作品的原创性和作者权利的问题，人们可能会对AI绘画作品的价值产生质疑。人们应该如何评估AI绘画作品的价值呢？

4. 技术方面仍存局限

理想状态下，AI作品可以达到令人惊叹的逼真度。然而，如果算法没有被适当地训练，或者训练数据集不够丰富和多样，那么生成的图像可能会存在诸如色彩失真、形状模糊、细节部位变形、不协调等问题。模型和数据还需要不断地迭代，这需要时间以及全社会的努力。AI绘画的创作过程更像是一个模式识别和复制的过程，会有一些浅层次的创新，但真正的创新仍路途长远。AI绘画能够帮助用户生成精美的图像，但如果缺乏人类艺术家的创新精神和情感投入，那么这些图像可能会显得空洞和无生气。

1.2
常见的 AI 绘画软件工具介绍

AI绘画在2022年迎来了爆发，各种绘图软件如雨后春笋般层出不穷。其中属Stable Diffusioin和Midjourney最突出，它们都使用了最新的扩散模型，能够生成十分精美的图像。在国外发展潮流的引领下，国内也出现了一系列AI绘画软件，它们在国外开源软件的基础上，增加了中文的支持，在易用性、简便性上进行了优化，降低了AI绘画使用的成本。

1.2.1　Stable Diffusion 系列

Stable Diffusion是由Stability AI开源的一种基于潜在扩散模型（Latent Diffusion Model）的文图生成（Text-To-Image）模型，简单来说是一个从文本到图像的生成模型。除了根据文本的描述产生详细图像，它也可以用于完成其他任务，例如内补绘制（Inpaint）、外补绘制（Outpaint），以及在提示词指导下的图生图等。

Stable Diffusion是开源的，它的代码和模型权均已公开发布，只要计算机上配备合适的GPU，都可以运行这个模型。在GitHub[①]上搜索Stable Diffusion，可以搜索到很多相关的项目。狭义地理解Stable Diffusion，可以认为它仅仅是Stablity公司研发并发布的AI绘画模型，但当提到Stable Diffusion时，更多是指它的整个生态。

这里使用"系列"这个词语，是因为Stable Diffusion本身只是一个开源的模型，而基于这个开源模型，发展出来与之配套的一系列软件和工具，才最终形成我们日常使用的AI绘画工具。

1. Stable Diffusion模型

Stable Diffusion模型截至目前已发展出众多版本，下面从发展的脉络介绍整个模型生态的情况。

- LDM模型

大规模训练扩散模型一直是学术界的难点，直到潜在扩散模型（Latent Diffusion Model，LDM）的出现，才为Diffusion Model的大规模训练打开了大门。LDM是由Compvis团队独立提出的，为后续的Stable Diffusion模型版本打下了技术基础。由于LDM是学术的产物，阅读论文的主要是AI研究者，所以得到的关注度远远不如Stable Diffusion。

- Stable Diffusion V1

在完成了LDM的工作后，Compvis团队得到了工业界的关注，得以和Runway和Stability AI合作。有了他们的支持，Compvis团队开始可以做昂贵的尝试，他们在LAION数据集上进行规模的训练。

Stable Diffusion V1使用下采样因子为8的自编码器，其中包括一个860M UNet和CLIP ViT-L/14文本编码器，用于扩散模型。该模型在256×256像素的图像上进行了预训练，然后在512×512像素的图像上进行了微调。

他们一共放出了4个版本的模型，这4个版本细节如下。

- sd-v1-1.ckpt：在laion2B-en数据集上以分辨率256×256进行了237k步的训练。
- sd-v1-2.ckpt：从sd-v1-1.ckpt继续训练。在laion-high-resolution数据集上以分辨率512×512进行了194k步的训练（该数据集包含来自LAION-5B的170M个示例，分辨率大于或等于1024×1024）。
- sd-v1-3.ckpt：从sd-v1-2.ckpt继续训练。在"laion-aesthetics v2 5+"数据集上以分辨率512×512进行了195k步的训练，并且对文本条件进行了10%的丢弃，以改进无分类器引导采样。
- sd-v1-4.ckpt：从sd-v1-2.ckpt继续训练。在"laion-aesthetics v2 5+"数据集上以分辨率512×512进行了225k步的训练，并且对文本条件进行了10%的丢弃，以改进无分类器引导采样。

图1-17所示是Stable Diffusion V1生成的一些图片。

---

① https://github.com/

图1-17　Stable Diffusion V1 效果图片

- Stable Diffusion V1.5

Stable Diffusion V1.5是由RunwayML团队发布在hugging face上的扩散模型产品，是Runway公司再训练优调后的版本。

官网的介绍如下。

Stable Diffusion V1.5在Stable Diffusion V1.2进行初始化，然后在512×512分辨率的"laion-aesthetics v2 5+"数据集上进行了595k步的微调。此微调过程中，对文本条件进行了10%的丢弃，以改进无分类器引导采样。

V1.1～V1.4与V1.5在模型结构上并无差别，主要是训练的步数以及训练集存在差异。由于模型是开源的，在这些官方模型的基础上，可以衍生出来许多更为精细、优秀的模型。

- Stable Diffusion V2.0、V2.1

2.0版本相较于1.0版本，最大的更新在于生成图像，尤其是建筑概念和自然风光图像的质量。而2.1版本更是在建筑、室内设计、野生动物和景观场景方面的图像质量上，进行了又一次飞跃。

图1-18所示是Stable Diffusion V2.0生成的一些图片。

图1-18　Stable Diffusion V2.0 效果图片

- 非官方模型的发展

Stable Diffusion模型的开源发布引发了广泛的开发者兴趣，他们纷纷基于官方版本进行各种形式的训练和优化（Finetune）。这一潮流催生了一个蓬勃发展的模型社区。开发者们在官方版本的基础上进行探索与创新，为该模型的应用和功能拓展提供了新的可能性。

这种协同合作的努力使得Stable Diffusion模型的进化变得更加快速而灵活，进一步推动了人工智能领域的发展。以下列举一些非官方模型。

● Waifu Diffusion

Waifu Diffusion起初是一个专门针对二次元图片生成的模型，它在Stable Diffusion官方版本的基础上继续对海量二次元图片进行训练，从而使模型具备生成二次元画面的能力，后续模型版本更加注重内容的丰富性。目前主要版本有Waifu Diffusion 1.3、 Waifu Diffusion 1.4Anime以及Waifu Diffusion 1.5。

图1-19所示是Waifu模型的一些生成样例。

图1-19　Waifu模型生成样例

● AnythingV3～V5

此模型在2022年12月曾火过一段时间，相比Waifu，使用简单的提示词就能生成质量很高的图片，但其对画面的控制能力相对会弱一点。

图1-20所示是Anything系列模型的一些生成样例。

图1-20　Anything系列模型生成样例

- Chillout Mix

Chillout Mix是一款能生成真人图片的模型，人物风格偏亚洲女性，利用它生成的一些真人cosplay图曾在社交圈达到以假乱真的地步，引起人们的广泛讨论，使用真人模型，容易引起侵权等法律相关的问题，故需要慎重使用。

图1-21所示是Chillout Mix模型的一些生成样例。

图1-21 Chillout Mix模型生成样例

2. AI绘画图形界面：stable-diffusion-webui

起初，要生成图片，需要使用命令行来控制，示例如下。

```
python scripts/txt2img.py --prompt &quot;a photograph of an astronaut riding a horse&quot; --plms
```

其中--prompt后面的即是描述性文字，可以根据需要更改，如果想生成更加细致的内容，那就需要添加非常多的参数。

对于大部分用户来说，使用命令行并不方便，因此，很多自由开发人员开始尝试开发基于Stable Diffusion模型的AI绘画图形界面软件，其中属AUTOMATIC1111开发的界面最为出名，即stable-diffusion-webui项目，如图1-22所示。

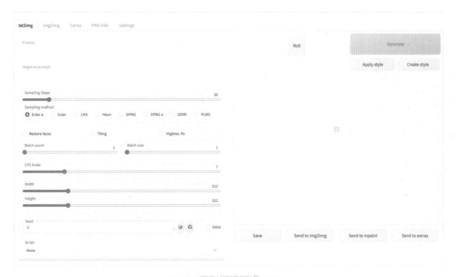

图1-22 界面

webUI的出现，简化了模型的使用，这使得普通用户在相对简单的条件下也能部署并使用AI绘画，在不用写代码的情况下就能够实现模型的训练等操作。

3. 丰富的第三方插件

开源软件的一个巨大优势是会吸引越来越多的开发者参与软件的设计和开发，Stable Diffusion也是如此，从开源的那一刻开始，便涌入了各领域的研究者，他们基于自身的想法和诉求，对软件进行开发和修改，增加它的功能，优化绘画的效果，截至目前，已经涌现出很多优秀的插件，这些插件都可以集成在webUI界面中进行使用。接下来为读者简单介绍以下4款插件。

● ControlNet插件

ControlNet插件可以根据用户提供的提示和控制来生成高质量的图像。AI绘画的可控性是它进入实际生产最关键的一环。有了ControlNet的帮助，用户可以利用建筑的草图、人物的姿势、画面的深度和边缘等信息用来绘图。这使得Stable Diffusion的在画面可控性方面得到了非常大的提高，如图1-23～图1-28所示。

● Local Latent Couple

Local Latent Couple可以为画面局部增加细节，例如画面衣服的皱褶过于简单时，可以将衣服部分框选出来，AI会自动深化该区域的细节，如图1-29～图1-32所示。

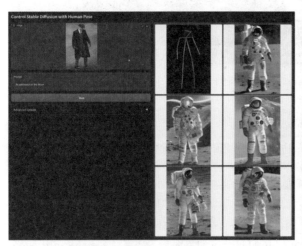

图1-23 通过骨骼点控制姿态

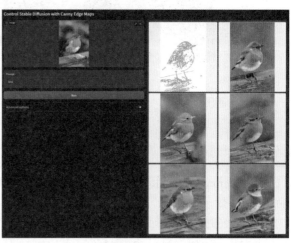

图1-24 通过边缘控制整体形态

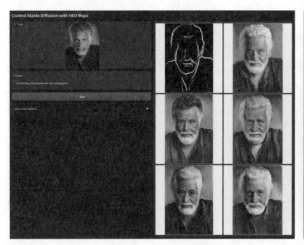

图1-25 通过HED边缘控制整体形态

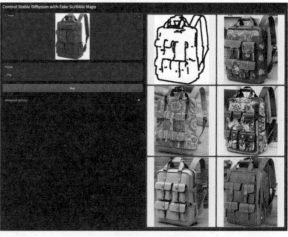

图1-26 通过草图线稿控制整体形态

图1-27　通过色块控制整体画面

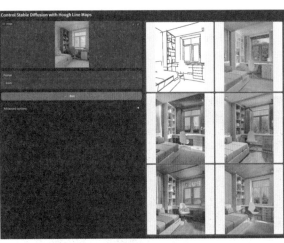

图1-28　通过简单线稿控制整体画面

图1-29　处理前图片

图1-30　脸部细节增多

图1-31　处理前图片

图1-32　衣服细节增多

- Ultimate SD upscale

为提高速度，AI生成的图片一般都比较小，webUI里面自带的hires.fix功能能直接放大图片，但这个功能对显存和算力的要求都十分高，Ultimate SD upscale插件就是为了解决这个问题而诞生的，它可使用较小的内存，顺畅地生成高清的图片，如图1-33所示。

- regional-prompter

regional-prompter插件能够为一张图片的不同区域指定不同的提示词，如图1-34所示。提示词之间不会出现混淆，让画面构图更为稳定，如图1-35所示。它主要有控制全局和局部构图、为画面设置正确的颜色配置等作用。

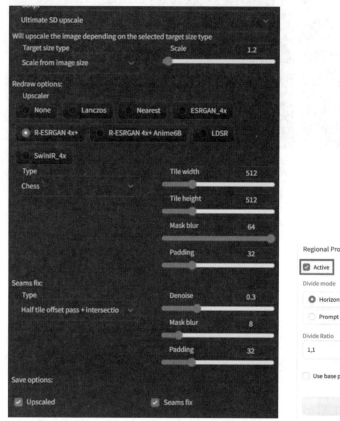

图1-33　Ultimate SD upscale插件

图1-34　regional-prompter插件

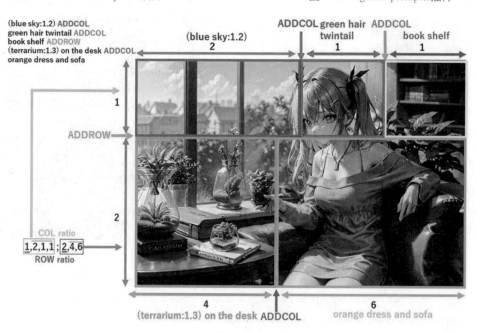

图1-35　分区域配置提示词

1.2.2　Midjourney

与Stable Diffusion相反，Midjourney是一款付费且闭源的AI绘画软件，如图1-36所示。它于2022年3月面世，创始人是David Holz。Midjourney并没有以APP或者网站的形式提供服务，而是将服务器搭载在Discord的频道上，用户可以进入Discord的Midjourney服务器，选择一个频道，然后在聊天框里调用/imagine命令，指示聊天机器人生成图片，如图1-37所示。Midjourney所有的功能都是通过调用聊天机器人程序实现的。对于大多数人来说，这是一种新奇的体验。

图1-36　Midjourney官网作品

图1-37　在Discord聊天软件中的Midjourney频道

Midjourney的最新模型拥有更多关于生物、地点、物体等的知识，它更擅长正确处理小细节，并且可以处理包含多个角色或对象的复杂提示。第4版模型支持图像提示和多提示等高级功能，具有非常高的一致性，并且在图像提示方面表现出色。

Midjourney团队一直在努力改进其算法，每隔几个月就会发布新的模型版本。其算法第二版于2022年4月推出，第三版于7月25日发布。2022年11月5日，第四版的alpha迭代版发布，第五版的alpha迭代版于2023年3月15日发布。

1. Midjourney的优势

- 专注于模型迭代——Midjourney是闭源的并且已经盈利了，未来将会有足够的现金流来支撑它的研发，另外在竞争的初期，保持闭源，能够保持自己的竞争优势，从而将注意力更多地花在产品的提高上。
- 图片质量高——按目前看，Midjourney制作的图片质量都比较高，它的水平下限比Stable Diffusion高不少。另外工具软件也相对简洁、易用，相比庞杂的Stable Diffusion来看，轻便许多。
- 产品特性强——Midjourney团队不断致力于优化产品体验，他们的目标是将Midjourney打造成一个庞大的、精致的、易用的、高效的人类想象力的基础设施。

2. Midjourney的缺点

- 使用成本高——Midjourney是付费应用，每生成一张图，都会消耗对应的积分，为了获得满意的图片，用户往往都需要进行多次修改和调整，这带来了昂贵的使用成本。
- 画面控制能力不足——目前，Midjourney无法像Stable Diffusion那样，允许用户通过ControlNet插件对画面的构图、人物的动作甚至表情进行干预。用户可以通过设置参考图的方式来影响图片生成，但可控性并不强。
- 无法使用自定义的插件或模型——在Midjourney中用户无法训练并使用自己的模型，用户无法自由探索创作的边界，也没有足够多的第三方插件供用户选择使用。

1.2.3 国内AI绘画产品

在国外AI绘画大火的同时，国内一些厂商及团队也推出了自己的AI服务，主要分为两类，一是大厂自己研发的模型，如百度的文心一格；第二类则是基于Stable Diffusion模型，重新做了一套UI界面，优化一些操作，降低使用难度，向用户提供更为便捷、简单的AI服务。

就目前来看，这些产品的同质化比较严重，还处于跟进Stable Diffusion的开源技术演进、同步模型社区的流行画风的阶段。接下来为读者介绍以下3种国内AI绘画产品。

1. 百度飞桨-文心一格AI

文心一格是由百度发布的中文作画AI，如图1-38所示，它基于百度大模型能力的AI艺术，支持中文描述，使用需要积分，风格独特鲜明，人物的出图效果一般，但是场景的出图效果相对惊艳。

图1-38 文心一格

目前它支持13种画风，对画风的分类，相当于简化了prompt，简单易上手，AI编辑部分则提供一些高阶的图像编辑用法，例如图片叠加、涂抹编辑（inpaint）。

值得一提的是，在生成AI图片的同时，也会产生几张商品的实物渲染图，如图1-39所示。文心一格在发展AI绘画的同时也在尝试AI绘画的商业化应用。

图1-39 实物产品展示

2. 无界AI

无界AI也是国内出现较早的一款AI绘画程序，如图1-40所示，它对风格和模型进行了较为详细的分类，不同的模型对应了不同领域的应用场景，而多变的风格则提供给了用户选择的空间。

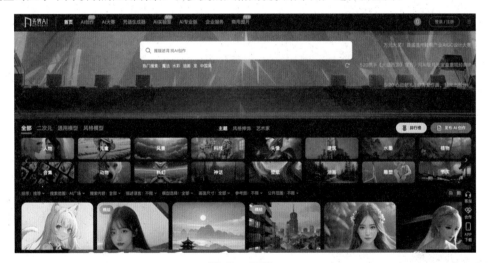

图1-40 无界AI

无界AI使用起来也简单易上手，只需要写上基础的内容描述即可。应用的目标也很明确，现阶段图片的使用场景就是头像、壁纸、文章配图、社交媒体配图、宣传海报等。

AI实验室部分则提供了一些控制图片生成的工具，这与Stable Diffusion中的ControlNet用法基本是一致的，如图1-41所示。

3. Vega AI

Vega AI也是一款以Stable Diffusion开源模型为基础，经过产品化设计定制而成的AI绘图程序，绘画界面如图1-42所示。与无界AI不同，它将产品重点放在了用户个人的模型训练以及模型生态的建设上。

除了基本的图片生成功能，它附加了风格定制以及风格广场两大板块，用户除了生成自己喜欢的图片，也可以选择训练出自己的风格。风格可以在风格广场中展示，以获得别人的关注和使用。

图1-41　AI实验室

图1-42　Vega AI绘画界面

显然，这种模式随着用户的增多，优质的风格模型也会越来越多，可以在"风格广场"页面欣赏和观摩大家上传的风格样式，如图1-43所示，平台提供工具，用户众创形成社区，内容也会逐步丰富和细化。

图1-43　风格广场

1.3
AI 绘画可能的应用场景

目前的AI绘画虽然还不完美，但它已经展示出了可以改变传统艺术制作方式的能力。AI绘画的出现可以极大地提高效率，对与艺术制作相关的其他产业也会产生影响，具有广阔的应用前景。

1.3.1　个性化之路：头像、壁纸、周边

AI绘画的出现给头像、壁纸和周边创作带来了新的可能性，如图1-44所示。传统创作需要人工绘制或摄影，一定程度上限制了创作者的创意。而AI绘画利用智能技术可以快速生成多样化高质量的作品。创作者可以使用AI绘画创作出独特吸引人的图案和设计，满足消费者对独特和创新的需求。

图1-44　头像、壁纸、周边创作

AI绘画还提高了头像、壁纸和周边产业的效率和成本效益。传统创作需要大量时间和资源，而AI绘画的自动化和智能化特点，节省了创作时间和成本。创作者可以快速生成多样化作品，提高效率，降低成本，使头像、壁纸和周边产品更加平价和普及。

1.3.2　商业美术：漫画、动画、游戏

传统的漫画和动画制作需要人工绘制大量的帧和场景，耗费大量的时间和精力，图1-45和图1-46展示了一些漫画、绘本和动画。然而，借助AI绘画，创作者可以利用强大的图像生成模型，快速生成高质量的角色设计、场景布局和动作序列。这大大缩短了制作周期，提高了创作效率。

图1-45　漫画、绘本创作　　　　　　　　　　图1-46　动画——《剪刀石头布》

其次，AI绘画为漫画和动画制作带来了更加多样化和创意化的视觉效果。AI模型可以学习和模仿各种艺术风格和绘画技巧，从而生成多种多样的漫画风格和动画风格。创作者可以根据故事情节和目标受众的需求，选择适合的风格和表现手法，创造出独特而引人注目的作品。

此外，AI绘画还具有与传统手绘不同的优势。它可以自动完成一些烦琐的绘画任务，如填充颜色、添加阴影和特效等，从而减轻创作者的工作负担。同时，AI模型还可以提供实时反馈和建议，帮助创作者改进和优化作品，提升其质量和表现力。

1.3.3　服装设计及摄影

传统的服装设计需要手工绘制设计草图、调色和纹样，这需要耗费大量的时间和精力，如图1-47所示。借助AI绘画，设计师可以利用强大的图像生成模型，快速生成多样化的服装设计，包括款式、材质和色彩搭配。这不仅缩短了设计周期，还提供了更加多元化和个性化的设计选择。

图1-47　服装设计

另外，AI绘画还可以帮助摄影师拍摄出更出色的作品。AI模型可以学习和模仿各种摄影风格和技巧，从而生成具有艺术感和视觉冲击力的照片。摄影师也可以利用AI绘画的一些功能，修复照片中的瑕疵、调整光影和色彩平衡，提升照片的质量和审美效果。

1.3.4　建筑及室内设计

AI绘画在建筑设计中的应用将提升设计效率和创新性。传统建筑设计需要耗费大量的时间和人力，涉及烦琐的设计草图、平面布局和立面细节。借助AI绘画，建筑师可以利用强大的图像生成模型，快速生成建筑设计的多个方面，包括立体模型、细节表现和材料选择，如图1-48所示。不仅缩短了设计周期，还释放了设计师的创作潜力，同时提供了更多创新和个性化的设计选择。

图1-48　建筑设计示例

AI绘画在室内设计中的应用将为设计师带来更真实和可视化的设计体验。室内设计通常需要通过手绘或计算机辅助设计软件来表达设计意图，但这往往难以准确传达设计细节和空间感受，如图1-49所示。AI绘画可以利用其图像生成能力，生成高度逼真的室内设计效果图，包括材质质感、光影效果和家具摆放等。这使得设计师和客户能够更清晰地了解设计概念和空间布局，更加真实地感受到设计效果，从而更好地进行决策和沟通。

图1-49　室内设计示例

1.4
本章小结

本章的主要目的是向读者介绍AI绘画的基本概念、基本工具、基本应用。使读者在进行实践前，对AI绘画能有一个准确而深刻的认知。

为了让读者认识AI的基本概念，在1.1节介绍了一些人工智能的概念，并简要说明了扩散模型的基本原理，然后回顾了AI绘画的发展历程，并总结了AI当前所表现出来的优势以及存在的社会问题。在实践工具层面，1.2节分别介绍了Stable Diffusion系列工具、Midjourney绘画产品以及国内涌现出的AI绘画产品，这些工具极大地丰富了创作的空间。最后，在1.3节探讨了AI绘画的应用场景，AI绘画注定将在头像、插画、漫画、动画、服装设计等领域产生变革。

第 2 章
AI 软件的安装与使用

本章主要针对Stable Diffusion和Midjourney两款最常见的AI绘画软件进行介绍，详细介绍它们的安装和使用方法。读者可以通过阅读本章学习使用Stable Diffusion和Midjourney实现以文生图、以图生图和图像编辑等基本能力，并通过调整详细参数，控制生成图像的质量，达成绘画和设计的目标。

2.1
Stable Diffusion 软件的安装和配置

Stable Diffusion 是由Stability AI公司和CompVis共同创建的一种生成式图像模型。软件目前为开源状态，代码和模型均可免费使用，需要在本地计算机或者服务器搭建，对硬件具有一定要求。由于Stable Diffusion并不是一款商业软件，对于使用者而言，其简易性方面不如商业软件Midjourney，安装和配置较为烦琐，同时也需要读者花费更多的工夫学习。但从另一方面而言，Stable Diffusion自由度更高，能满足更多的定制化需求，也拥有更多的社区免费资源可以使用。因此，多花费一些耐心来学习和使用Stable Diffusion是十分有必要的。

2.1.1　配置要求

1. 硬件要求

使用Stable Diffusion的基本需求是一台配备独立显卡（GPU）的计算机，推荐显存最好大于6GB。表2-1所示列举了推荐的软硬件配置，推荐显卡类型为NVIDIA系列显卡，例如GTX-1080Ti、RTX-2080、RTX-2090和RTX-3060等。AMD显卡也可以，但安装时步骤会略有差别。macOS系列计算机不带GPU，运行时需要使用到苹果的专属芯片M1/M2代替GPU，虽然苹果已经专门针对大火的Stable Diffusion进行了优化，但运行时间依然很长。

表2-1　Stable Diffusion推荐软硬件配置

	推 荐 配 置
显卡（GPU）	RTX 3060Ti
内存（RAM）	16 GB
硬盘空间	>30 GB
CPU	Intel i5
操作系统	Windows 10 / Ubuntu 18.04

2. 软件要求

操作系统首选Windows系统或Linux系统（Ubuntu/Red Hat/CentOS），由于macOS不带GPU所以不推荐使用macOS。除此之外，源代码运行是基于Python的，所以也需要用到Python以及相关的软件包，例如PyTorch及Cuda等。这些软件要求已经写到自动安装的脚本中，在安装时一键运行即可，用户唯一要确认的就是自己对应的操作系统。

2.1.2　安装 Stable Diffusion 软件

下面针对不同的操作系统和配置，分别介绍如何安装和配置Stable Diffusion，读者可根据自己的情况，选择性阅读对应的部分。如安装出现问题，可阅读安装常见问题。推荐无程序使用经验的读者选择Windows + NVIDIA显卡 + 稳定版本的安装方式，读者有了更多定制化需求后，可以选择Windows + NVIDIA显卡 + 最新版本的安装方式，享受最新版本带来的新功能。

1. Windows 10 + NVIDIA显卡 + 稳定版本

01 下载稳定包，登录网站①下载sd.webui.zip，并解压，如图2-1所示。

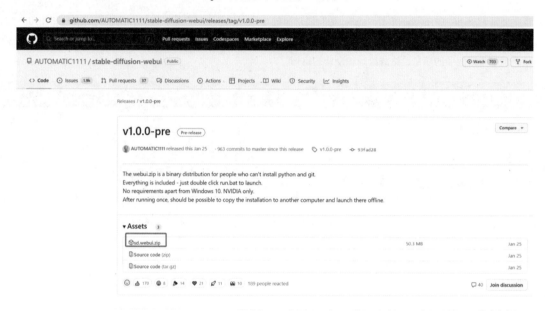

图2-1　官网下载稳定版本安装包

02 双击run.bat完成安装，注意运行时不要关闭黑框终端。

03 等待上述步骤结束，完成安装。打开浏览器，输入命令行显示的地址，即可打开软件，默认地址一般为127.0.0.1:7860。

2. Windows 10 + NVIDIA显卡 + 最新版本

01 登录GitHub网址②下载源代码，单击Code，单击Download ZIP，下载安装包。

02 安装Git，访问Git官网，下载安装Windows版本的Git，如图2-2所示。

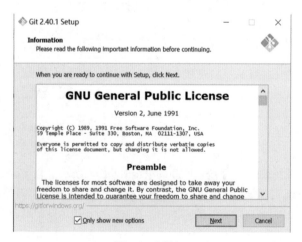

图2-2　安装Git

---

① https://github.com/AUTOMATIC1111/stable-diffusion-webui/releases/tag/v1.0.0-pre

② https://github.com/AUTOMATIC1111/stable-diffusion-webui

03 安装Python，访问Python官网[①]，下载Python 3.10.6，如图2-3所示。

图2-3 安装Python

04 安装软件，双击webui.bat，会自动安装依赖包，根据读者不同的网速会花费不同时间。

05 等待上述步骤结束，完成安装。打开浏览器，输入命令行显示的地址，即可打开软件，默认地址一般为127.0.0.1:7860。

3. Windows 10 + AMD显卡

01 安装Git，访问Git官网，下载安装Windows版本的Git。

02 安装Python，访问Python官网，下载Python 3.10.6。

03 执行以下命令。

```
git clone https://github.com/lshqqytiger/stable-diffusion-webui-directml
cd stable-diffusion-webui-directml
git submodule init && git submodule update
```

04 安装软件，双击webui.bat，会自动安装依赖包，根据读者不同的网速会花费不同时间。

05 等待上述步骤结束，完成安装。打开浏览器，输入命令行显示的地址，即可打开软件，默认地址一般为127.0.0.1:7860。

4. Linux + NVIDIA显卡

01 安装Git，用于获取源代码；打开终端，输入如下命令。

```
sudo apt-get install git
```

02 通过Git获取源码。

```
git clone https://github.com/AUTOMATIC1111/stable-diffusion-webui.git
```

03 安装Python。

```
sudo apt-get install python3
```

04 安装软件，进入源码目录，执行启动文件。

```
cd  path/stable-diffusion-webui
./webui.sh
```

05 等待上述步骤结束，完成安装。打开浏览器，输入命令行显示的地址，即可打开软件，默认地址一般为127.0.0.1:7860。

5. macOS + M1/M2芯片

01 安装brew，根据网站https://brew.sh/的指导，为macOS安装brew，如果已经安装可跳过该步骤。

02 安装Git，用于获取源代码；打开终端，输入如下命令。

```
brew install git
```

---

① https://www.python.org/ftp/python/3.10.6/python-3.10.6-amd64.exe

03 通过Git获取源码。

```
git clone https://github.com/AUTOMATIC1111/stable-diffusion-webui.git
```

04 安装Python。

```
brew install python3
```

05 安装软件，进入源码目录，执行启动文件。

```
cd  path/stable-diffusion-webui
./webui.sh
```

06 等待上述步骤结束，完成安装。打开浏览器，输入命令行显示的地址，即可打开软件，默认地址一般为127.0.0.1:7860。

6. 安装常见问题

- AssertionError: Torch is not able to use GPU

计算机没有GPU，或GPU驱动程序未正确安装，Windows没有安装正确的Torch版本或者GPU驱动程序。解决方法：登录Nvidia官网，下载并安装CUDA，注意选择Windows版本。

- Python was not found

未安装Python，或已安装Python但系统找不到Python所在的路径，重新安装Python，并且勾选Add Python 3.10 to PATH复选框。

- Note: This error originates from a subprocess, and is likely not a problem with pip

通过pip安装依赖包的时候出现网络错误。

- RuntimeError: CUDA Out of memory

显存溢出，GPU的显存大小太小，安装Stable Diffusion软件至少需要4GB显存，如果生成分辨率更高的图，或者执行训练，则需要更多的显存。

2.2 Stable Diffusion 软件的界面介绍

Stable Diffusion软件安装完成后，根据命令行提示的地址127.0.0.1:7860，在浏览器中打开，如图2-4所示。注意，在打开软件时，请保持命令行运行，请勿关闭。

图2-4 Stable Diffusion软件界面

以下小节将介绍软件界面，包含txt2img、img2img、Extra、Train、Checkpoint Merger以及extensions等主要功能。

2.2.1　txt2img

txt2img是AIGC中常用的功能之一，它能够根据输入的文字直接生成对应的图片，也就是常说的"以文生图"。在这个过程中AI具有较大的自由发挥空间，但生成的结果完全取决于提示词（prompt）的详细程度和质量。txt2img是Stable Diffusion软件的默认界面，打开软件后将优先展示该界面。

txt2img界面中各部分的功能如下。

- prompt：提示词，也就是需要输入的文字。它仅支持英文输入，输入的词应以英文逗号隔开。输入的文字可以是一段完整的句子，如"a man is riding a bike"，也可以是多个形容词，如"a man, riding a bike"。

- negative prompt：负面提示词，即用户不希望出现的一些效果。例如，在negative prompt中输入"bad quality"可以有效降低生成低质量图片。如果想要生成男性，但模型总是生成女性，也可以在negative prompt中加入"girl""woman"等词语，对模型进行纠错。

- Generate：生成按钮，用于在将一切设置妥当后，生成对应的图片。生成的图片将会展示在下方的空白框体中。

- Sampling method：采样方法，默认设置为Euler a，指Stable Diffusion算法在生成图像时所采用的采样方式，不同的采样方式生成的效果存在显著差异。读者可根据他人经验或自行尝试，选择符合自己需求的采样方式。对于新手用户来说，可以不做太多调整。

- Sampling steps：指算法在生成图像时所执行的采样步数，默认为20步。从理论上来讲，采样步数越多，生成的图像细节越精细，但耗时也会越长。但在实际操作中，过多的细节并不一定会带来更高的质量，建议设置为10～50步。

- Width&Height：用于设置生成图像的宽和高，默认为512×512。提高分辨率将显著提高计算代价、GPU显存和耗时。如果想要直接生成较高分辨率的图片，如1920×1024，建议将Stable Diffusion部署在服务器上，并采用V100等显存较大的专业GPU。

- Batch count：指连续执行的批次数量，默认为1。当设置为N时，会同时输出N张图片。如果用户想要一次性生成多张图片，可以提高Batch count数，Stable Diffusion将依次执行N次，并且将多张图片同时展示在界面下方的显示框中，所消耗的时间与Batch count呈线性关系。例如，当Batch count设置为5时，就需要消耗5倍的时间来生成5张图片。

- Batch size：指每次同时生成的图片数，默认为1。当设置为N时，会同时输出N张图片。Batch size和Batch count之间的区别在于，Batch size是并行生成，而Batch count是串行生成。Stable Diffusion会一次性生成N张图片，因此显存要求也会提高。建议配置较低的读者将Batch size设置为1。

- CFG Scale：是Classifier Free Guidance Scale的缩写，默认为7，用于控制生成的图像对prompt的符合程度，CFG Scale越高，生成的图像越符合prompt，但色彩饱和度越高，CFG越低扩散（diffusion）的自由度越高越模糊，根据经验，设置为5～15比较好。

- seed：随机种子，默认为-1。Stable Diffusion会通过seed产生一个初始的随机噪声，在随机噪声的基础上不断采样，直至得到最终的绘画结果。相同的seed产生的随机噪声是完全相同的，这意味着生成的过程实际上是完全可重复的，假设所有的prompt和参数包括seed也一致，可以得到完全相同的图片。如果想要对当前生成的图片不满意，可以通过调整不同seed，选择合适的结果。另一方面，seed对于保持图像一致性有着十分重要的作用，如果想要生成的图片之间保持相似，则需要将他们的seed设置为相同的数值。

2.2.2 img2img

img2img对应的功能是"以图生图"，即输入一张图片，以这张图片为基础，结合提示词，生成另一张图片，img2img界面如图2-5所示。相比txt2img，从只能输入单纯的文字，变成了图片+文字的形式。由于有基础图片作为引导，img2img的可控性会更强。例如，输入一张线条图，生成以这张线条图为基础的涂色图，生成的图片会和基础图的姿态轮廓有一定相似性。其中，img2img又根据输入图像的不同，分为img2img和inpainting等。

图2-5　Stable Diffusion img2img界面

- Prompt/Negative Prompt/Generate：提示词、负面提示词和生成按钮，和txt2img界面完全一致。
- Interrogate CLIP / Interrogate DeepBooru：interrogate直译过来是询问的意思，在这里是根据输入的图片，生成提示词prompt，即看图说话。相对于txt2img的以文生图，interrogate的看图说话是反过程。Interrogate CLIP和Interrogate Deepbooru的实现功能完全一致，区别在于基于的AI模型不一样。
- img2img：在输入图片的位置上传一张照片，结合描述词"disney princess, beautiful"，在右侧将生成对应的图片，如图2-6所示。可以看到，生成的图片和输入图片具有一定的一致性，整体构图位置和姿态，均与输入图片保持一致。

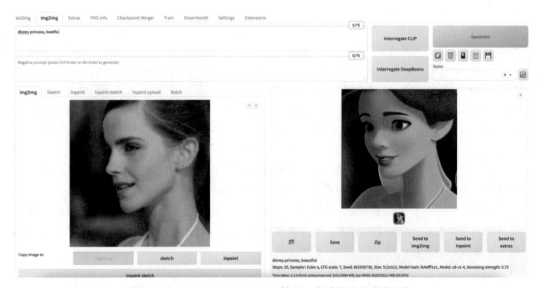

图2-6　Stable Diffusion img2img结果，生成迪士尼动漫风格

- Inpaint：Inpaint可以手动选择图中的区域，仅修改选中的区域，如图2-7所示，手动对图片中狗的部分进行涂抹并生成，可以实现图像编辑。这里选择将狗抹除，可以结合提示词，例如输入猫或者人，将图片中的狗变成猫或者人。

图2-7　Stable Diffusion Inpaint使用示例

- Denoising strength：控制生成图像和输入图像之间的相似程度，在img2img中是一个比较重要的参数，需要经常调整。CFG scale设置得越低，与原图相似程度越高，反之生成图像的自由度越高。

2.2.3　Extra

Extra界面如图2-8所示，默认展示的是Upscale功能，即图像高清修复算法处理的技术。Upscale功能可以将图片分辨率提高，并让模糊图片变清晰。由于硬件的限制，txt2img或者img2img生成的图片通常不会有很大的分辨率，例如512×512。用户如果想获取分辨率更高的图片，例如1024×1024，可以将生成的图片进行Upscale处理，并选择更高的分辨率。

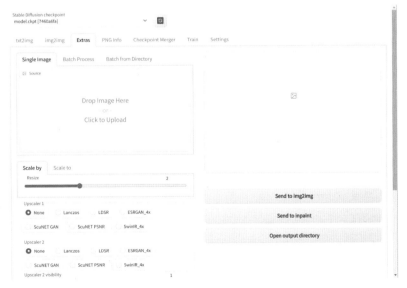

图2-8　Stable Diffusion Extra界面

如图2-9所示，在Upscaler1菜单中可以选择不同的Upscale方法。

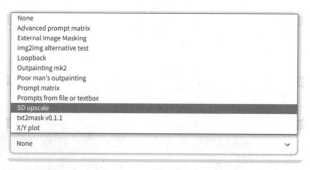

图2-9　Stable Diffusion软件选择不同的Upscaler方法

不同的Upscale方法生成的结果略有不同，其中SD upscale会在一定程度上改变细节内容，图2-10展示了不同的Upscaler对应的生成结果。

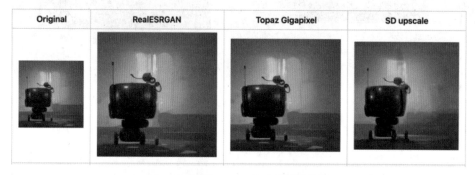

图2-10　不同Upscaler生成结果的差异

2.2.4　Checkpoint Merger

模型融合界面，不同的两个Stable Diffusion模型可以在这个界面进行简单融合，界面如图2-11所示。假设有两个模型A和B，指定权重M，可以按照公式C=A×（1-M）+ B×M，生成一个全新的模型C。该步骤是一个简单的加法过程，速度非常快，相比重新训练一个模型，模型融合只需要一瞬间即可，无须耗费大量计算资源。

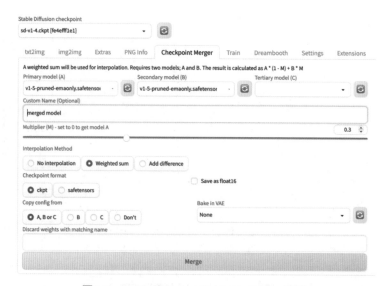

图2-11　Stable Diffusion Checkpoint Merger界面

以anime-pencile-diffusion-v3和Anything-V3.0-pruned-fp32两个模型为例，如图2-12所示，通过checkpoint merger，即模型合并功能，可以得到最右侧的Pencil Test模型。可以看到，融合的新模型兼具了前两个模型的画风。

图2-12　Stable Diffusion 融合蜡笔画风和动漫画风两个模型

2.2.5　Train

　　Train对应的功能是训练专属模型，属于更高水平的定制化需求，界面如图2-13所示。当用户对模型有更高要求，但目前模型无法满足时，就需要对模型进行训练，让模型学习特定图片的风格或者人物形象，例如想要生成特定画风（水墨画风、日系动漫），或者想要添加特定IP人物（机器猫、游戏人物）。更多关于训练的内容，可以参照第4章中的定制模型的训练。

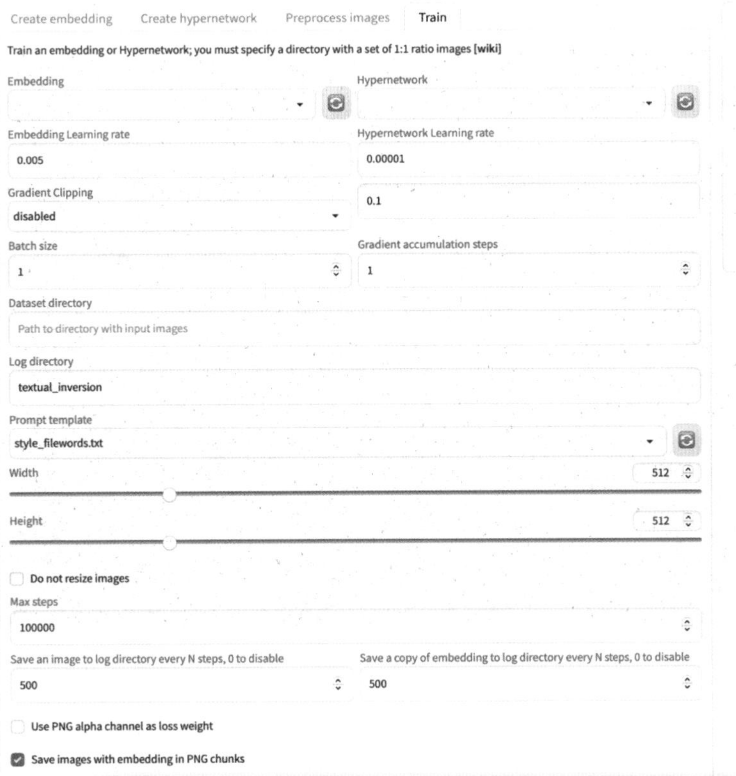

图2-13　Stable Diffusion Train界面

- Embedding：可以理解为一个词，该功能主要是将用户提供的图片抽象为一个词。通过训练，可以教会模型特定的词对应的图像是什么样。
- Learning rate：学习率，模型学习的速率。当设置的数值过大时，可能导致训练结果出现Loss=Nan的情况，这是由于学习率过大，模型完全偏离了正确的方向，导致结果也直接偏离。

- Gradient Clipping：梯度截断，当模型即将偏离时，开启梯度截断，则有可能挽救回来。
- Batch size：训练模型时，模型单次学习的图片默认为1。Batch size为1可以极大地节省显存，但另一方面可能会让训练收敛不太稳定。如果想要训练一个高质量的模型，建议在V100或A100这样的大显存GPU上进行操作，并且将Batch size调高。
- Dataset directory：用于训练模型的数据，数据准备永远是训练最重要的一步。
- Log directory：日志保存的目录。
- Prompt template：如果用户训练的模型对应的是一种风格，那么选择style_filewords，即训练画风；如果训练的模型对应的是一类物体，那么选择subject_filewords，即训练人物或物体。
- Width&Height：训练模型时输入图片的宽和高，默认为512×512。宽高越大，所需的训练时间和训练
- Max steps：训练模型的步数，一般设置为10000步以上。注意，该选项直接关系到训练所需的时间，假设从10000步变更为20000步，就需要两倍的训练时间。另一方面，过短的训练步数可能无法让模型充分学习，导致效果变差。
- Loss：损失，模型开始训练后，会在右侧显示Loss，该数值大小用于指示模型的训练过程。一个正常的训练过程，Loss会从大变小，直至稳定。假设Loss变为nan，则说明该次训练完全失败了。

2.2.6　Extensions

Extensions包含一些第三方提供的插件，当Stable Diffusion本体软件无法满足需求时，可以通过Extensions获取额外功能，例如训练dreambooth模型和LoRA模型，甚至还可以让软件支持中文界面。如图2-14所示单击"load from"按钮，可以得到可安装的插件列表，单击Install按钮安装并刷新UI后，即可看到Table栏新增的插件。

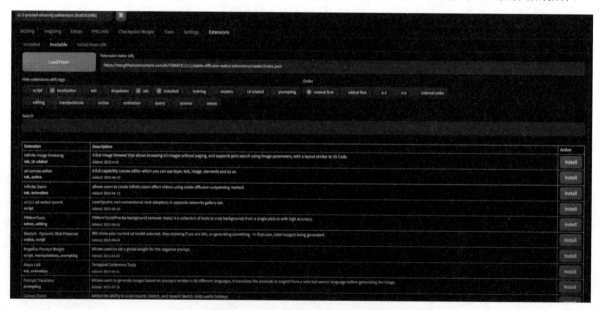

图2-14　Stable Diffusion Extensions界面

2.3
Stable Diffusion 的原理介绍

Stable Diffusion 是由 Stability AI 和CompVis共同创建的一种生成式图像模型，要生成图像，需要从想象开始，并制定描述图像的文字或提示词，通过文字生成想要的图片。在大多数情况下，提供的细节越多，图

像看起来符合预期的可能性就越大。本节将简单介绍其原理和绘画过程，理解Stable Diffusion的基本工作原理，图2-15展示了Stable Diffusion的流程图。

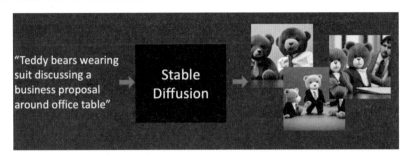

图2-15 Stable Diffusion 流程图

2.3.1 什么是扩散模型

Stable Diffusion的直译是"稳定扩散"，属于深度学习中的扩散模型（Diffusion Model），它是一类生成模型，通过类似扩散的方式逐步生成图像，绘画过程非常类似于物理学中的扩散现象。接下来介绍两种不同的扩散。

1. 正向扩散

图2-16所示是一个图像的扩散示例，通过逐步扩散，图中清晰的图像逐渐添加噪声，变成了肉眼不可辨别的图像。

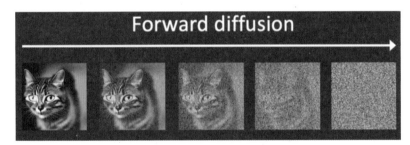

图2-16 Stable Diffusion 原理中的正向扩散过程

2. 反向扩散

如果逆转扩散，过程就像向后播放视频一样，时光倒流。如图2-17所示，从嘈杂、无意义的图像开始，反向扩散恢复了猫的图像。反向扩散正是AI的作画过程，从一堆肉眼不可辨认的噪声开始，逐步去噪，最终生成清晰图像。这也就是为什么通常步数关系会关系到最终的生成效果，部署过少会导致扩散不充分。

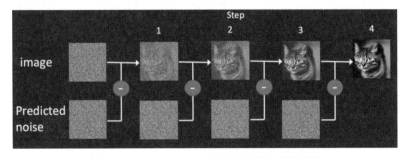

图2-17 Stable Diffusion 原理中的反向扩散过程

在以文生图（txt2img）的过程中，图像生成会从噪声开始，根据文字提供的信息，逐步扩散，得到最终结果。而以图生图（img2img）的过程，则会同时涉及正向扩散和反向扩散，输入图片会逐步加噪，并经历去噪过程，最终生成结果。

2.3.2 Stable Diffusion 的模型结构

Stable Diffusion由Text-Encoder、U-Net以及VAE三个部分组成，整体结构如图2-18所示，文字经过Text Encoder后，变成机器能理解的数字编码，结合噪声图像，经过Diffusion Model（U-Net）完成扩散过程，最后经过VAE中的Decoder，生成最终的图像。

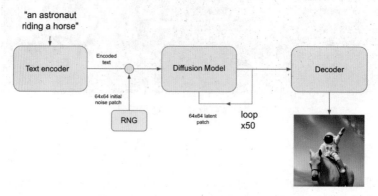

图2-18　Stable Diffusion的模型结构组成

1. Text Encoder

Text Encoder中文译为文字编码器。由于机器只能理解数字，无法直接理解语言，因此需要将用户输入的文字，经过编码，转换为一系列数字编码，如图2-19所示。Text Encoder使用的是OpenAI的CLIP模型，基于Transformer结构，和ChatGPT等大型语言模型的结构类似。由于CLIP是OpenAI在4亿张英文图片上训练的，因此目前Stable Diffusion只能输入英文。如果要输入中文，则需要先经过翻译，转换为英文后模型才能理解。

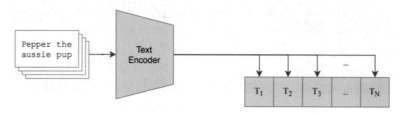

图2-19　Text Encoder文字编码器的工作原理示意图

2. UNet

UNet即U形网络，由于扩散模型结构呈现U形，所以又将扩散模型本身称为U-Net，如图2-20所示。U-Net是三个网络中的主体部分，占据绝大部分参数，一个4GB的Stable Diffusion模型中，大约有80%的大小来自U-Net。对Stable Diffusion模型进行整体微调（Finetune）时，只会调整U-Net，其他两部分保持不变。

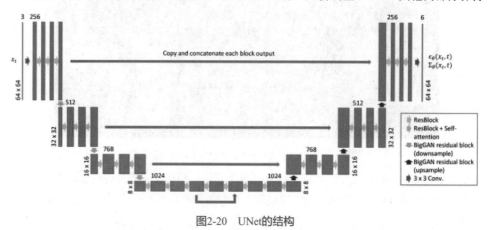

图2-20　UNet的结构

3. VAE

VAE全称为Variational Autoencoder，译为变分自编码器，包含Encoder（编码器）和Decoder（解码器），是一种图像生成模型，图2-21展示了VAE的网络结构和输入输出。实际上，单独使用VAE即可完成图像对图像的生成，Text Encoder和UNet实际上只是为VAE提供了限制条件（Conditions）。然而缺少了文字带来的具体指示，将无法生成满意可控的图像。Stable Diffusion之所以惊艳，正是因为在VAE的基础上，引入了扩散模型和latent概念。

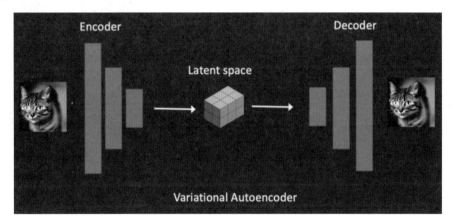

图2-21　VAE的网络结构

2.3.3　Stable Diffusion 官方模型细节

官方Stable Diffusion模型是在公开数据集LAION2B-en上训练的，该数据集包含23亿张图片和对应的英文文本描述。该模型总共在32×8 = 256张A100上训练了25天才完成。单张A100的售价约为6万元人民币，显存为80GB，远远大于消费级显卡。3060Ti显卡仅有8GB显存，即使是顶级消费级显卡RTX-4090Ti也仅有24GB显存。因此，Stable Diffusion模型的训练耗费是十分巨大的。所幸的是，由于Stable Diffusion的官方模型是开源的，用户只需要在官方模型的基础上进行调整即可，并不需要从头训练，否则绝大部分使用者都无法承担模型的训练代价。

目前常用的官方模型的有4个版本——V1.4、V1.5、V2.0和V2.1。其中V1.4和V1.5默认分辨率为512×512，而V2.0和V2.1的默认分辨率提高到了768×768，因此使用V2.0和V2.1生成的图像将更清晰。另一方面，由于训练模型中存在一些不合适的图片（Not Suitable For Work，NSFW），导致生成图片时可能出现不合适的结果。因此官方在V2.0和V2.1对其进行了限制，大量剔除了NSFW图片，使得V2.0和V2.1版本的生成结果更为安全。

2.4
开始使用 Stable Diffusion 进行绘画

本节将介绍Stable Diffusion软件的基本用法，并使用以文生图、以图生图两个功能进行绘画示范。

2.4.1　以文生图

1. 基本绘图流程

组织提示词"a cat"（一只猫），然后单击Generate按钮，生成第一幅图像，如图2-22所示。

```
a cat
```

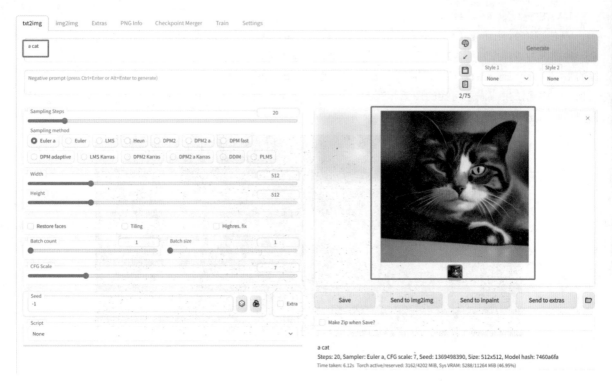

图2-22　输入"a cat"生成图片

　　接下来在上面的基础上，增加新的内容，例如"a cat and a girl"。图2-23所示左侧图片成功生成了一只猫和一个女孩，而右边图片却生成了一个猫女，说明生成失败。生成失败在AI绘画中并不少见，即使是一个熟练的AI绘画使用者，也会碰到这个问题。不过AI绘画的一个显著优势就是低成本，只需要花几秒钟的时间再生成一次就能解决。可以单击Generate按钮重新生成，直至获得满意的图片。

a cat and a girl

图2-23　生成猫和女孩的图片

　　或者也可以尝试改进思路，并理解AI为何会生成猫女这种形象。"a cat and a girl"本意是想生成一只猫和一个人，但这个说法是十分模糊的，在AI的理解中，只要图像里出现了猫，且出现了女孩，即可完成任务，因此生成的随机性很大。这导致AI在理解过程中，将猫和女孩两个概念重叠在了一起，偶然生成了猫女形象。假设换一种更加准确的说法就可以从一定程度上解决这个问题，例如"a cat besides a girl"，这里猫和女孩有着明确的交互和位置关系，明显是两个不同的物体，因此不太可能混淆成猫女。重复单击Generate按钮生成若干次图片，如图2-24所示，模型生成的图片就正常多了，猫女的失败生成比例也会大大减少。

```
a cat besides a girl
```

　　从这个例子可以发现，提示词的准确程度是十分重要的，模糊的提示词容易让AI产生误解，出现天马行空的结果。如果对生成图片的语义有着明确的要求，读者最好输入一段完整的话，包含主语、谓语、定语或动词。输入的提示词越详细，越有助于AI完全理解绘画者的意图，创作出满意的图片。

图2-24　调整prompt后再次生成图片

　　在以上句子的基础上，还可以用英文逗号隔开，添加不同的元素，例如为图像增添画风，例如梵高风格（van Gogh），以及动画风格（anime），生成结果如图2-25和图2-26所示。

```
a cat besides a girl, van Gogh style
```

图2-25　提示词：女孩，猫，梵高风格

```
a cat besides a girl, anime
```

图2-26 提示词：女孩，猫，动漫风格

2. 进阶教程

如果要生成更高质量的图片，读者需要学会更多的技巧。当开始尝试这些技巧时，需要保持耐心，并进行适当的实验和比较，以找到最适合的参数设置。

● 更换模型

在基本绘图流程里，使用的模型是官方提供的V1.4模型，该模型是一个通用模型，能生成真人、动画、油画等多种风格。假设读者对生成的领域有格外的要求，可以尝试使用一些专用模型，例如切换动漫专用模型anything-V3.0，生成的动漫图片质量会更高。从网上下载专用模型，并放置在路径stable-diffusion-webui/models/Stable-Diffusion/文件夹下，单击左上角"刷新"按钮后，可以在下拉列表里看到新下载的模型anything-V3.0，如图2-27所示，单击后切换模型，这个过程大约需要耗时10秒左右

图2-27 选择载入不同模型

载入动漫专用模型anything-V3.0后，使用同样的提示词"a cat besides a girl"，就能生成更符合动漫风格的图片，如图2-28所示。相比通用模型，动漫专用模型不仅生成高质量的图片成功率更高，同时在细节把控上做得也更好。

```
a cat besides a girl
```

图2-28 更换模型anything-V3.0并生成女孩和猫

● 负向提示词

假如生成的图像总是出现同类型的瑕疵，可以使用负向提示词来降低该类型出现的概率，告诉AI不想要这种类型的结果。由于动漫中猫耳+女生是一个非常常见的组合，因此"a cat besides a girl"这组提示词生成兽人少女的概率是很大的。图2-29所示中生成的每一张的女生图片都出现了猫耳。

图2-29 anything-V3.0 模型生成猫耳少女图片

为了避免这种现象多次出现，可以在负向提示词里增加"furry"（兽人），告诉AI模型不想要生成兽人少女。增加了负向提示词"furry"后，如图2-30所示，连续多次生成再也没有出现过戴猫耳的兽人少女了。

```
Prompt: a cat besides a girl
Negative Prompt: furry
```

图2-30 在负面提示词增加furry后，生成猫耳少女的概率大大减少

● 调整图像尺寸

拖动Width（宽）和Height（高）的进度条，可以改变生成图像的尺寸，如图2-31所示。

注意，更高的分辨率意味着更多的运算时间和显存要求，如果机器配置较差，不要将该数值设置得太大，以免超出显存，不推荐超过1024×1024的分辨率。读者如果想要得到高清图片，可以先生成小分辨率的图片，再通过Extra选项中的Upscale功能，将图片的分辨率提高。

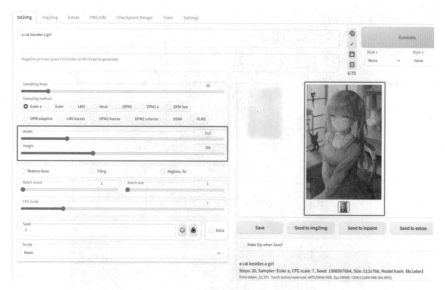

图2-31 Stable Diffusion调整生成的图像尺寸

● **调整采样步数**

采样步数可以理解为AI进行绘画的步数。从Stable Diffusion的原理介绍里，学习到AI进行绘画是按照扩散步骤逐步进行的，因此较少的步数意味着不完整的绘画结果，更多的步数则可以生成更精细的图片。图2-32所示是通过调整采样步数得到的连续结果，Steps=1时只有模糊不可见的图像，随着Steps逐步提升，细节也进一步完善。整采样步数得到的连续结果，Steps=1时只有模糊不可见的图像，随着Steps逐步提升，细节也进一步完善。

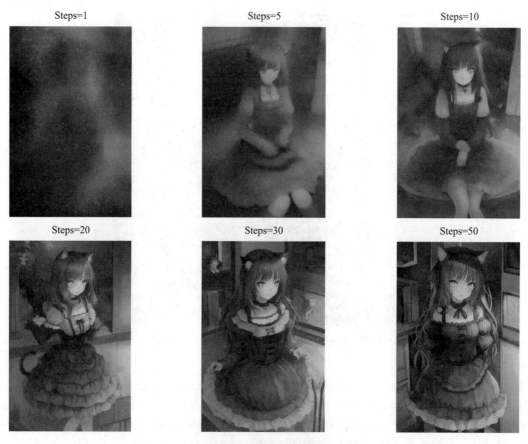

图2-32 Stable Diffusion不同采样步数对应的生成结果

● 调整采样器

采样器可以理解为AI的画笔，不同类型的采样器，画出的风格会存在一定的差别。例如，使用Euler采样器生成的图像一般画风更为柔和，而使用DPM++系列采样器生成的图像画风更为鲜艳且对比度更高。图2-33展示了不同采样器的生成结果。

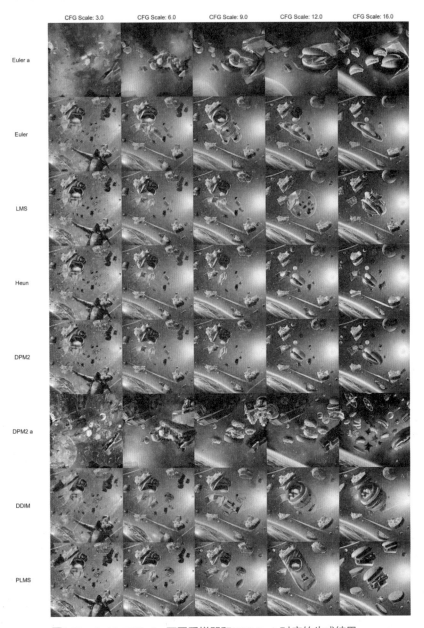

图2-33　Stable Diffusion不同采样器和CFG Scale对应的生成结果

2.4.2　以图生图

1.基本绘图流程

以图生图相比以文生图，增加了图片输入，不仅需要输入文字，同时还要单击上传图片。单击软件界面切换到img2img页面，上传输入图片，然后组织提示词，再单击Generate按钮，完成第一次以图生图。如图2-34所示，上传一张女性图片，并配上赛博朋克（Cyberpunk）关键词，生成右侧图片。

```
Prompt: a woman, cyberpunk
```

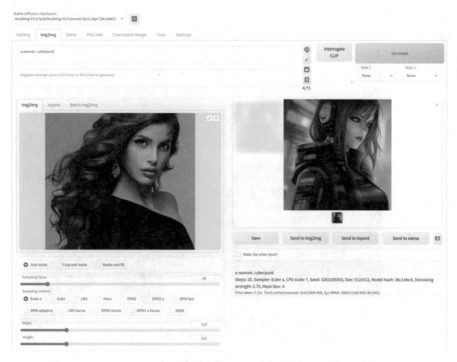

图2-34 Stable Diffusion以图生图功能展示，在原图基础上增加赛博朋克风格

- 调整Denoising Strength

以图生图可以通过调整Denosing Strength来控制生成图像和原图的相似性。从图2-35展示的结果可以看出，Denosing Strength越低，和原图相似性越高，反之和原图相似性越高。

图2-35 不同Denosing Strength对应的生成结果

2.图像编辑

如果用户仅想修改图片中的部分内容，同时保持剩余部分不变，可以选择使用img2img里的Inpaint功能。Inpaint的意思是绘画补全，AI将根据用户的指令补全选中的部分。上传图片后，在左侧图片区域，用画笔涂色需要修改的部分，再配合提示词，软件将会把涂色部分修改为提示词所描述的内容。上传一张欧美白人女性的图片，通过画笔将脸部和皮肤部位选中，并配合提示词，生成了右侧黑人女性图片，同时保持选中区域以外的图片不变，保持相同的发型和着装，如图2-36所示。

Prompt: a black woman

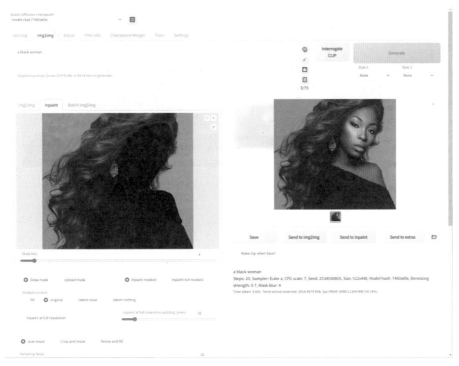

图2-36　Stable Diffusion图像编辑功能，选中脸部替换为黑人女性

如果想要修改选中区域以外的内容，可以选择"inpaint not mask"，命令AI修改选中区域以外的部分，并保持选中区域的内容不变。图2-37和图2-38所示通过反选人脸部位，保持图片中女性人脸的ID信息，将其发型变换成卷发。

Prompt: a woman with curly hair

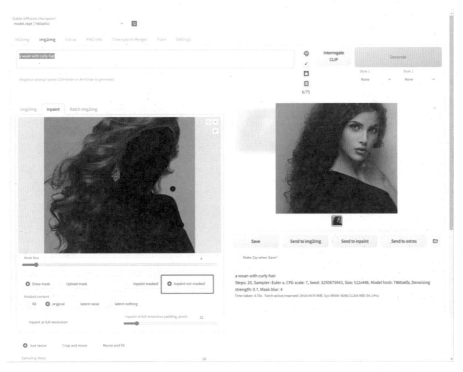

图2-37　Stable Diffusion图像编辑功能展示，反选脸部区域，将头发变换为卷发

图2-38　Stable Diffusion图像编辑结果，将头发变成卷发

2.5
Midjourney 注册与使用方法

Midjourney是一款国外的商用AI绘画程序，目前开发了同名文生图模型及应用，产品搭载在 Discord 中，用户可以通过与 Midjourney Bot 进行对话式交互，提交 Prompt（文本提示词）来快速获得想要的图片。Midjourney于2022年7月投入测试，半年时间用户人数增长超过一千万，团队仅11人就做到一亿美元年营收，足以见其火爆程度。相比Stable Diffusion，Midjourney生成的图像风格独特，且提示词更简短，对于设计师等用户更为友好。

在使用Midjourney前，需要先注册账户。

01 打开Midjourney官网①，单击图2-39所示右下角"Join the Beta"按钮，转跳到Discord网站，按照图2-40所示输入用户名。

图2-39　Midjourney的主页

---

① https://www.midjourney.com

图2-40　加入Midjourney

02 输入电子邮件创建账号，如图2-41所示。Midjourney仅对18岁以上的成年人开放。

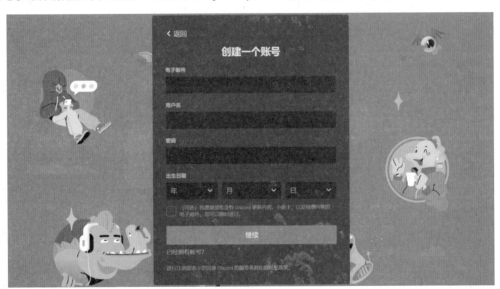

图2-41　创建Midjourney账号

03 打开邮箱，验证并激活账户，如图2-42所示。

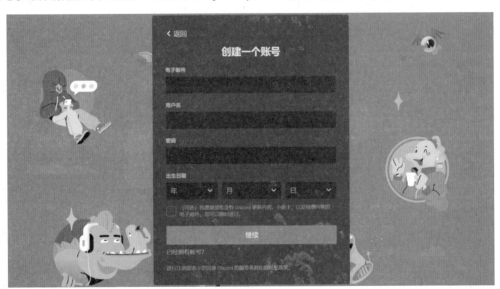

图2-42　验证邮箱地址

04 完成验证后，重新回到Discord界面，单击"亲自创建"，创建自己服务器，如图2-43所示。

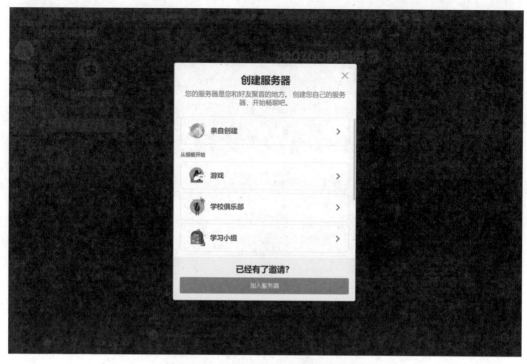

图2-43　Midjourney创建自己的私人服务器

05 创建完服务器后，单击"添加您的首个App"，输入"Midjourney Bot"并添加，回到刚才创建的服务器，即可通过聊天框的形式和Midjourney交互，整个流程如图2-44所示。

图2-44　添加App并进入与Midjourney交互的流程

2.6
开始使用 Midjourney 进行绘画

Midjourney实际上是架设在Discord网站上的一个程序，Discord本身是一个社交论坛，因此与Midjourney的交互是通过聊天框的形式来完成的，基本命令介绍如图2-45所示。可以将Midjourney当作一个会画图的聊天机器人，通过输入特定的命令进行绘画操作，例如输入"/imagine"命令进行绘画，输入"/info"命令查看更多信息，输入"/blend"命令将多幅图像融合，输入"/describe"命令根据图像输出提示词，输入"/setting"命令进行设置，包括选择模型。

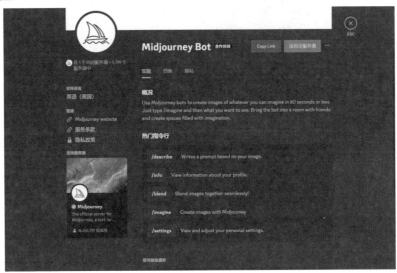

图2-45　Midjourney基本命令介绍

2.6.1　绘画功能

1. 首次绘画

下面使用Midjourney开始第一次绘画。首先进入创建的私人服务器中，进入聊天框，输入"/imagine+prompt"命令进行绘画，如图2-46所示。

图2-46　Midjourney基本绘画命令imagine

绘制一张"红发女人手持利剑站在下雪的森林里"的图片。输入以下命令行以后，等待若干秒后完成生成，结果如图2-47所示。值得一提的是，生成是多线程进行的，用户并不需要等待上一个生成完成再进行下一个，而是可以同时启动多个生成命令。

`/imagine a woman with red hair holding a sword in a snowy forest`

图2-47　Midjourney绘图生成结果，红发女人手持利剑站在下雪的森林里

由于AI绘画具有很强的随机性，因此Midjourney默认会生成多幅图片供用户进行挑选，假如用户对其中第4张照片比较满意，想获取高清大图，可以单击"U4"按钮选择第4张图进行放大（Upscale），结果如图2-48所示。

图2-48　使用Midjourney选择U4 将第4张生成结果放大

假如用户对第4张图片整体比较满意，但某些细节不够满意，可以单击"V4"按钮，对第4张图片进行随机扰动，将生成第4张图片的多张变种，整体和第4张图片一致，但细节上存在差异。如图2-49所示，人物的表情和手势发生了变化。

图2-49　使用Midjourney随机扰动生成整体一致但细节存在差异的图片

2. 调整绘画风格

绘画功能imagine生成的结果主要取决于提示词，下面将展示一些例子，帮助读者使用imagine功能进行生成。

选择某一种绘画风格，包括艺术风格和写实风格，结果如图2-50所示。

```
/imagine <风格> cat
```

图2-50　使用Midjourney调整绘画风格

为绘画风格指定年代画风，例如1700s、1800s，结果如图2-51所示。

```
/imagine <年代> cat illustration
```

图2-51　使用Midjourney调整年代风格

为绘画对象指定表情，例如决心、高兴、尴尬、愤怒，结果如图2-52所示。

```
/imagine <表情> cat
```

图2-52　使用Midjourney调整表情

指定绘制图像的背景，例如，丛林、沙漠、山脉，结果如图2-53所示。

```
/imagine <地点> cat
```

图2-53　使用Midjourney调整生成图像的背景

3. 以图生图

同Stable Diffusion一样，Midjourney不光支持以文生图，也支持以图生图，即输入一张图片和一段文字来生成目标图片。

首先将输入图片拖动至聊天框，单击发送信息，右击图片，在弹出的快捷菜单中，选择"复制"命令，复制图片地址，如图2-54所示。

图2-54　使用Midjourney上传图片获取URL

按照图2-55所示的格式组织命令，粘贴上方复制的图片地址，然后按空格键隔开，加入文字描述，最终得到的生成结果如图2-56所示。

图2-55　使用Midjourney以图生图命令行规则

```
/imagine <Image URL> a girl, anime style
```

原图　　　　　　　　　　Midjourney生成图

图2-56　使用Midjourney的以图生图功能生成图片

2.6.2　图片融合功能

Blend功能可以将多张图片中的物体和风格融合在一起，不过最多支持5张图片，并且不支持文字输入。输入"/blend"命令之后，显示界面如图2-57所示，单击上传至少两张图片后，可以生成融合效果。如图2-58所示，图像1为一张欧美女性图片，图像2为大理石雕塑图片，融合后Midjourney生成了一张衣着、姿势和图像2相似，脸部发型和图像1相似的图片。

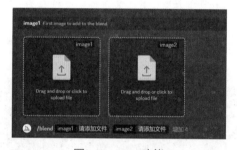

图2-57　Blend功能

输入图像1　　　　　　　输入图像2　　　　　　Midjourney生成图

图2-58　使用Midjourney的Blend功能生成图片

2.6.3　更多命令

使用Midjourney同样也能够像使用Stable Diffusion一样精细地调整一些参数配置，只不过webUI直接通过UI来操作，而Midjourney需要在生成时输入命令行来调整。

- Aspect Ratios（--ar）：图片宽高比，默认为1:1，可以在生成时指定宽高比。

```
/imagine a cat in forest --ar 1:2
```

- Negative Prompt（--no）：负面提示词，用法和Stable Diffusion一致，用于避免生成某些元素。如果在a cat后面添加--no white，就会让模型在随机生成的过程中不生成白色的猫。

```
/imagine a cat --no white
```

- Image Weight（--iw）：以图生图时输入图片的权重，类似Stable Diffusion的Denosing Strength，默认值为0.25。

```
/imagine a cat in forest --iw 0.25
```

- Quality（--q）：用于控制生成图的质量。数值越大，用于渲染图片所消耗的时间越多。可选数值有25、5和1。

```
/imagine a cat in forest --q <.25, .5, 1>
```

- Seed（--seed）：随机种子，指定随机种子固定能够保持一定的一致性，通常设定为-1。每次生成结果的随机种子都不一致，用户可以指定为 0 ~ 4294967295数字中的一种。

```
/imagine a cat in forest --seed < 0-4294967295>
```

- Chaos（--chaos）：混沌值，Midjourney自定义的一项配置，类似Stable Diffusion的CFG Scale，数值越高，越容易产生不同寻常和意料之外的生成结果，用户可以选择指定为0 ~ 100中的任意一个数值。

```
/imagine a cat in forest --chaos< 0-100>
```

- Reapt（--r）：重复次数，即按照当前输入的prompt重复生成的次数，类似于Stable Diffusion的Datch Count，如果输入为2，则代表会同时生成两次结果。

```
/imagine a cat in forest --r 2
```

- Version（--v）：Midjourney的模型版本号，如果觉得某个历史版本的模型特别符合需求，可以通过Version来调用历史版本的模型，目前可选版本有<1, 2, 3, 4, 5, 5.1>，默认为最新版本5.1。

```
/imagine a cat in forest --v 5
```

- Prompt权重：可以在提示词后增加权重，以突显该元素在生成图像中的显著程度。例如在提示词anime添加::2，代表anime这个词比重乘以两倍。

```
/imagine a cat, anime::2
```

2.6.4 从社区获取灵感

Midjourney搭建在聊天论坛Discord上，因此天然具有分享和社交属性。用户可以进入Midjourney频道并单击主页，查看其他用户分享的图片。图2-59所示是社区主页频道，其他用户会分享自己生成的图片。图2-60和图2-61所示分别是其他用户生成的塞尔达手办风格图片和真实艺术画风。

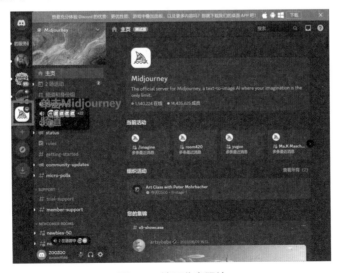

图2-59 社区分享照片

图2-60 塞尔达手办风格

图2-61 真实画风

本章小结

本章介绍了Stable Diffusion软件的安装方法和Midjourney的基础使用方法。2.1节介绍了如何在用户本地安装Stable Diffusion软件，以及需要的硬件和软件配置要求；2.2节介绍了软件界面上的基本参数，以及其对应的意义；2.3节介绍了Stable Diffusion的基本原理，以帮助读者更好地理解AI绘画；2.4节展示了Stable Diffusion的几大基本功能，包括文生图和图生图等；2.5节和2.6节介绍了Midjourney的注册和使用方法。

第3章

提示词的写法

在人与人的沟通过程中，表达一直是一项非常重要的技巧，有效的表达能够提高沟通的效率，让合作更加顺畅。当人与AI进行沟通时，良好的表达也同样重要。如果无法让AI确切地知晓意图，那么最终的结果肯定也不尽如人意。对于生成式AI，一般通过提示词来向AI发出指令，AI获得提示词指令后，便会运行还原出提示词所描述的画面，良好的提示词能够有效地指导AI生成符合要求的输出结果。本章将围绕提示词的写法展开介绍，介绍它的基本语法、基本的写作框架，并详细介绍不同的描述部分，从而让读者具备与AI沟通的基本能力。

3.1
提示词的语法及写作框架

提示词并不是单词或者短语的随意堆砌，而是需要遵循一定的语法和框架，这样才能让AI准确理解，另外格式的整齐和美观也有利于后续的维护及重用。Stable Diffusion和Midjourney的提示词写法大致类似，但设定上略有不同，本节将分开讨论。

3.1.1　Stable Diffusion 的提示词语法

在Stable Diffusion中，提示词分为正向提示词（Positive Prompt）和负向提示词（Negative Prompt），正向提示词描述希望出现画面中的东西，而负向提示词则描述不希望出现在画面中的东西。提示词可以是样式、水印、文字及不需要的效果等，如low quality、ugly、watermark、logo和nsfw等。图3-1所示是Stable Diffusion中的提示词输入框。

图3-1　正向提示词和负向提示词输入框

1. 提示词的构成

提示词可由标签、描述性短语、表情符号、标点符号构成。

● 标签

标签（Tag）就是用一个单词或者短语来表达出画面里的元素，在当前的图像标注领域里，一般都是通过标签来标示图片中的内容，这是最客观的描述方式，也是最常用的方式。在图像生成中，沿用标签组合来传达图片的内容，对于大部分经过训练的AI来说是最容易理解的。使用标签组合来书写提示词仍旧是当前的主流。

一个使用标签组合描述画面的例子如下。

```
A girl ,black long hair,crown, white gauzy gown, windowsill,white scepter,
majesty,solemnity
```

生成效果如图3-2所示。

图3-2 标签构成的提示词生成效果

使用标签组合的描述方式，只须将画面元素枚举出来即可，但如果描述不得当，容易缺失元素之间的关联，AI在理解上可能就会与用户出现偏差，随机性就会比较强。不过，文字的信息含量相对于图片来说，是经过高度抽象和压缩后的，所以从文字恢复成图片，难免出现意料之外的结果。

● **描述性短语**

描述性短语比较贴近自然语言，能比较自然地被写出来，就像写小作文一样，只是在描述想要生成的图片的内容。

A girl with black long hair wearing a crown, dressed in a white gauzy gown, sat on the windowsill of the palace on a moonlit night. She held a white scepter in her hand, exuding an air of majesty and solemnity

生成效果如图3-3所示。

图3-3 短语构成的提示词生成效果

与标签组合相比，描述性短语能更为凝练、自然、准确地表达关系，隐含的空间信息关系也更多，有些模型在自然语言上进行了特殊的训练，如果使用这类模型，描述性短语的效果会比标签组合更好。

● **表情符号**

比较奇妙的是，还可以使用表情符号来生成想要的效果。但并不建议使用，表情符号并不标准，在其他一些模型上，效果可能就失效了。具体效果如图3-4所示。

portrait, a girl,:D　　　　portrait, a girl,　　　　portrait, a girl,0_0

图3-4　表情符号生成样例

- 标点符号

一些特殊的标点符号主要起到控制的作用，以下是一些常用标点符号的作用，如表3-1所示。

表3-1　标点符号的作用

符　　号	符号说明	作　　　　用
,	逗号	用于分隔标签及短语
（）	圆括号	用于加强标签的权重，可以添加多次叠加，每次叠加可以将权重提高到原来的1.1
[]	方括号	用于降低标签的权重，同样可以多次叠加，每次叠加可以将权重降低为原来的0.9
:	冒号	一般与圆括号搭配使用，直接设定标签的权重，如（blue hair:1.5），则直接将标签的权重设置为1.5

2. 提示词高级功能

- 标签的顺序

标签默认的权重都是1，并且从前到后依次减弱，权重会影响画面生成结果。举个例子，人物的标签放在前面，那么人物就是核心，场景就会很小；相反，如果场景标签在前面，人物标签放在后面，那么人物就会变小，如图3-5所示。

a girl, big tree　　　　　　　　big tree, a girl

图3-5　标签顺序对生成的影响

- 权重的控制

还可以为标签设置权重，权重越高，特征会越明显，甚至会影响到其他特征。

- (blue hair)——将权重提高 1.1 倍。
- ((blue hair))——将权重提高1.21 倍（＝1.1×1.1），乘法的关系，叠加权重。
- [blue hair]——将权重降低至0.9倍。

- [[blue hair]]——将权重降低至0.81倍，乘法的关系，叠加权重。
- (blue hair:1.5)——将权重提高 1.5 倍。
- (blue hair:0.25)——将权重减少为原先的0.25倍。

从图3-6所示中可以看到，随着权重的提高，蓝色头发的特征越发明显，但过高权重会影响到其他特征，例如权重加到了1.9时，人物的背景、衣服也都变成了蓝色。这个问题可以通过一些插件的分区域渲染功能来解决，在提示词写作中，要注意权重调整对画面整体可能带来的影响。

权重　　　　　　　　1　　　　　　　　　1.3　　　　　　　　　1.6　　　　　　　　　1.9

示例图片

图3-6　blue hair标签权重逐步加大

● 提示编辑功能

提示编辑允许用户开始先使用一个提示词，再在生成过程中切换到其他提示词。

基本语法包含以下几种。

● [tag1:tag2:when]

在指定步数后将tag1替换为tag2。

其中tag1与tag2是替换前后的提示词，when 表示替换时机。

如果 when 是介于 0 和 1 之间的数字，则它指采样周期步数的百分比。如果它是一个大于0的整数，那么这代表它进行切换之前的步数。

● [tag2:when]

在指定步数后添加tag2到提示词中。

● [tag1::when]

在指定步数后从提示词中删除tag1。

下面是一些示例。

- [dog:10]——在第10步之后开始渲染狗。
- [dog:0.5]——假定采样步数是30，那么就是第15步之后开始渲染狗。
- [cat::10]——在第10步之后不再渲染猫，其他元素继续渲染。
- [cat::0.5]——假定采样步数是30，在第15步之后不再渲染猫，其他元素继续渲染。
- [cat:dog:10]——假定采样步数为30，在前10步渲染猫，在后面20步渲染狗。

图3-7展示了提示编辑功能的应用效果。

[cat:dog:10]　　　　　　portrait, a girl, [red:green:10] hair　　　　a [fantasy:cyberpunk:16] landscape

图3-7　提示编辑功能应用效果

● 交替渲染

交替渲染功能是每隔一步就更换渲染对象的方式，可添加多个对象，不局限于两个对象。

基本语法：

[A|B]

第一步渲染A，第二步渲染B，第三步渲染A，依次循环。

[A|B|C]

第一步渲染A，第二步渲染B，第三步渲染C，第四步渲染A，依次循环。

图3-8展示了交替渲染的应用效果。

[red hair| green hair]　　　　　　[green hair|red hair]

图3-8　交替渲染示例

交替渲染主要用于特征融合，例如调制特殊的颜色，但效果有点随机，结果并不总是能按想象的方向进行。

● 标签组合

使用AND可对标签进行组合，此处一定要使用大写，不能使用小写。组合是支持添加权重的，默认权重都为1。

图3-9展示了标签组合的应用效果。

a cat:1.2 AND a dog AND a penguin:2　　best quality, blue hair:2 AND green hair AND yellow hair:1.6

图3-9　标签组合示例

3. 提示词的写作框架

一个好的提示词，必须是详细而准确的，为了写出高质量的提示词，可以遵照一定的框架来进行写作。例如可以从主体、背景、构图、艺术风格、画质、特殊效果这几个方面来设定画面呈现的整体效果。这里的分类并不是表示提示词中一定要包含以上的所有类别，在实际应用中，需要根据自己需求，选取需要描述的方面，从而写出提示词的不同部分。

● 主体

主体就是画面的主要内容，包括人物、姿态、动作、表情和服饰等，有时生成的画面随机性太强，主要根源可能在于对主题的内容描述过少，例如图3-10所示为输入"a girl"产生的多张图片，可以看到人物的动作、姿态，以及场景都是随机的。

图3-10 输入"a girl"产生的多张图片

如果对人物的发型、姿态、表情、服饰都进行限定，人物形象就开始变得稳定（如图3-11所示），画面内容也开始贴近想要的效果。

```
best quality,a girl,silver hair, blue eyes,long hair,blunt bangs, ((white
hoodie)), sitting,looking at viewer
```

图3-11 对人物加强描述，多张图人物形象稳定

● 环境

环境通常指的是画面中的背景或场景，包括艺术作品中的周围环境、背景元素和上下文（灯光、天气、时间等）。环境的描绘可以为主题或者主体提供一个视觉背景，并为作品增加情境、氛围和深度。

■ 背景：环境绘画的一个重要组成部分是背景。背景可以是自然景观（如山脉、森林、湖泊）、城市街景、室内场景或任何与主题相关的背景。

■ 环境细节：环境绘画通常包含各种细节，例如，建筑物、植物、道路、天空、云彩等。这些细节有助于丰富画面，营造更具真实感的环境。

■ 情境和故事：环境绘画可以为作品提供一个具体的情境或故事背景。通过绘制特定的环境元素，可以传达特定的时间、地点或情节。

● 构图

在绘画中，构图是指组织和安排作品中各元素的布局和结构。它是艺术家在绘画过程中决定如何将各元素放置在画面中，以创造出有吸引力、平衡和有意义的视觉效果的过程。构图的目的是引导观众的眼睛，传达特定的情感或信息，并创造出视觉上的和谐和平衡。一个好的构图可以增强作品的视觉冲击力和表现力。可以从以下几个方面来思考构图。

- 视角：设定主体的角度，创造深度和空间感，使画面更具立体感。
- 重点和焦点：指画面中的主要元素或焦点，吸引观众的注意力。
- 比例和尺度：比例指画面中元素之间的相对大小关系。尺度是指整个作品的大小和比例。

● 艺术风格

在现实生活中，绘画风格和流派是多种多样的，目前并没有统一的一组词汇来描述画面的具体风格，如图3-12所示。要最终获得想要的风格，需要从多个角度进行描述，可以指定绘画的媒介、艺术流派以及艺术家等信息，也可以对它们进行组合，从而获得理想的风格效果。

图3-12　一些艺术风格示例

● 画面质量

如果不指定画面质量，有时生成的图像可能会比较模糊，在细节上也比较杂乱，此时通过添加一些高级的质量描述词汇，能够让生成的画面品质变高，这类词汇一般都是必加的，它们能控制画面的整体质量，确保不会出现过于模糊不清的图画。

● 画面效果

特殊效果是指一些可以为画面增加氛围感、立体感、层次感的描绘词汇，这类词汇需要根据需求进行添加，有时候会使画面效果获得意想不到的提升，如图3-13所示。特殊效果的分类有很多，例如镜头、特效、颜色等。

图3-13　一些特殊效果示例

● 写作框架总结

表3-2所示是总结的提示词写作框架思路，在写作时可以尝试进行下面的思考流程。

表3-2　写作框架

框 架 部 分	思 考 点
主体	图片里的主体是什么，越多细节描述人物就越趋于稳定 可以从几方面来描述主体： 人物的外貌（体形、五官、表情、发型等） 服饰、配饰 姿势、肢体动作

框 架 部 分	思 考 点
环境	环境主要指背景、灯光、天气、时间（白天黑夜或者季节） 背景有很多题材可选，如历史、自然风景、科幻、奇幻等 善用灯光能使画面更真实、立体 时间和天气都是环境的基础因素，可增添画面的故事感
构图	主体和环境都确认后，需要思考如何构图，如： 镜头的焦点在哪里 主体的朝向是哪里 主体和背景的画面占比是怎样的
艺术风格	艺术风格包含很多，可以通过多种方式来指定，如： 通过媒介指定，是油画、3D，还是炭笔画 通过艺术流派、艺术运动名称来指定 通过指定艺术家，可以是画家、插画师、漫画家 通过指定绘画技法来控制画风，速写、粗线条、平涂、厚涂等
画面质量	结合艺术风格选择合适的质量，大多数场合下，强调高质量即可
画面效果	画面效果类似为画面增加特效，类似后期的角色，为画面增加氛围感、立体感、层次感，分为两部分： 通过相机和镜头的设置，增强画面效果 使用具体的特效，如冰、火焰、速度线等

3.1.2 Midjourney 的提示词语法

Midjourney的提示词也是一段短文本语句，Midjourney机器人通过解读提示词来生成图像。Midjourney机器人会将提示词中的单词或者短语分解成较小的部分，称为标记（Tokens），这些标记可以与其训练数据进行比较，然后用于生成图像。一个精心设计的提示词可以帮助用户生成独特而又令人兴奋的图像。

1. 提示词的构成

一个基本的提示词可以简单到只有一个单词、短语或表情符号，如图3-14所示。

高级一点的提示词，则可以包含一个或者多个图片链接、多个文本短语、多个设定参数。可以将Midjourney的提示词划分为三个部分——参考图片部分、文本提示、参数设定，如图3-15所示。

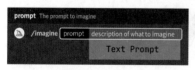

图3-14　简单的Midjourney提示词　　　　图3-15　官方归纳的提示词组成部分

- 图片提示部分——提示词中的参考图片链接一般用来影响最终结果的风格和内容，一般将参考图片地址放在提示词的开头位置，如果有多个图片参考，则可以以空格分隔。
- 文本提示部分——文本提示词描述了我们希望生成的图像，它由描述性的单词或者短语构成。这部分提示词是最需要人为去创作的部分，几乎占据了AI生成创作80%以上的时间。放飞想象，精心编写的提示词有助于生成十分惊艳的图像。在后面的小节中会详细介绍文本提示的写法和技巧。
- 参数设定部分——参数会改变图像的生成方式。参数可以改变宽高比、模型、上采样器等。如果希望确保某个物体不出现在最终图像中，可以尝试使用--no参数。参数应该放在提示的末尾。
- 一些提示词的建议——提示词可以非常简单。单个单词（甚至一个表情符号）就可以生成一幅图像。非常简短的提示词会严重依赖于Midjourney的默认风格，生成的图片随机性会很强，因此，更具描述性的提示词才能够产生更独特的画面。当然，过长的提示词也不意味着更好，过多存在冲突、重合的提示词会让AI感到困惑，生成的结果可能就会偏离我们的想象。记住一个提示词的写作准则：关注你真正关注的部分，简练永远比复杂要好。

Midjourney机器人目前无法像人类一样理解语法、句子结构或单词。因此，词语的选择也很重要。在许多情况下，更具体的同义词效果会更好。例如，可以用"巨大的""庞大的"或"极大的"来替代"大的"。如无必要，勿增词语，更少的词语意味着每个词语都具有更强大的影响力。可以使用逗号、括号和连字符来帮助组织文本结构，但需要注意Midjourney并无法可靠地解释它们。Midjourney V4.0在解释传统的句子结构方面略优于其他模型。

2. 文本提示词如何写

一般来说，提示词描述得越细致和全面，那么画面就会越接近描述的内容，未明确表达的部分，则留给AI自由发挥，随机性就会比较强，也容易生成一些令人惊艳的效果。在创作中，我们可以根据需要进行明确的或者模糊的表述，模糊的表述是获取多样性的好方法，但可能无法获得用户想要的具体细节。

表3-3所示是官方文档建议的参考框架。

表3-3 Midjourney官方建议的提示词框架

方 面	思 考 点
主题	画面的主要内容是什么？人物、动物、位置、角色、动作等
媒介	画面的风格类别是什么？摄像、绘画、插画、雕塑、涂鸦、挂毯等
环境	画面的环境是什么？室内、室外、月球上、纳尼亚国、水下、翡翠城等
灯光	灯光是怎么样的？如柔和的、环境的、阴天的、霓虹的、工作室灯光等
色彩	画面的色彩是什么样的？如鲜艳的、柔和的、明亮的、单色的、多彩的、黑白的、粉彩的等
情绪	画面表达了什么样的情绪？如安静的、平静的、喧闹的、充满活力的等
构图	画面的结构是怎么样的？如肖像、特写、大头照、俯视图等

在前面的内容中同样介绍了Stable Diffusion的提示词写作框架，这份框架同样适用于Midjourney，因为Midjourney本质也是基于Stable Diffusion技术，在提示词框架的设定上，并无太多特殊性。

3. 参数设定

参数可以用于控制图像的生成方式，例如控制图像的宽高比，切换Midjourney模型的版本，指定使用的上采样器，等等。参数始终添加到提示词的末尾，一段提示词可以添加多个参数。

基础的参数说明如下。

- 宽高比：--aspect或--ar命令，用于控制生成图像的宽高比。
- 混乱度：--chaos <0-100>，用于控制生成结果的多样性程度。较高的值会产生更为不寻常和意外的生成结果。
- 图像权重：--iw <0-2>，用于设置参考图片提示与文本提示的权重比例。默认值为1。
- 反面提示词：--no 反面提示词，例如 --no plant 将尝试从图像中去除植物。
- 画面质量：--quality <0.25、0.5或1> 或 --q <0.25、0.5或1> 值越高，渲染质量也越高，但花费的时间也越长。默认值为1。
- 并行度：--repeat <1-40> 或 --r <1-40>，会将提示词并行运行多次，这个参数对于快速多次生成多张图片很有用。
- 种子值：--seed <0-4294967295> Midjourney 使用随机的种子值来创建噪声图像，作为初始图像的起点。每张生成的图片都会有它专属的种子值，可以使用相同的种子值和提示词来产生类似的图像。
- 步数控制：--stop <10-100> 可以通过--stop参数来控制任务的步数，但如果在较低的百分比处停止则可能会导致结果模糊、细节不够清晰。
- 风格切换：--style <raw> 在Midjourney Model Version 5.1的不同版本之间进行切换。

    --style <4a, 4b或4c> 在Midjourney Model Version 4.0的不同版本之间进行切换。

--style <cute, expressive, original或scenic> 在Niji Model Version 5.0的不同版本之间进行切换。

- 风格化程度：--stylize <number> 或 --s <number> 参数影响Midjourney默认美学风格在任务中的应用强度。
- 平铺特性：--tile参数表示生成可用于重复平铺的图像。

3.2 人物外貌的刻画

要刻画一个人物的外貌，可以从以下几个方面进行描述：形体、表情与面部特征、发型和发色、肤色和肤质、姿势和动作、独特特征，如疤痕、胡须等。用于描述这些特征的提示词十分丰富，篇幅所限无法一一列举，下面几节将从上面几个方面介绍些常见的提示词，希望能够起到抛砖引玉的作用。

3.2.1 人物的形体

在描述人物的形体时，可以从身高、体重、肌肉、比例这几个方面来进行设定。

将以下面的基础提示词为基础，观察提示词对人物形体的改变。

```
best quality,a girl,silver hair, blue eyes,long hair,blunt bangs, ((white
hoodie)),looking at viewer,(tall:1.6),standing,
full body
```

1. 身高

图3-16展示了一些有关身高的提示词的应用效果。

提示词　　　　示例图片　　　　　　提示词　　　　示例图片　　　　　　提示词　　　　示例图片

Tall（高的）

Short（矮的）

Petite（娇小的）

Lanky（瘦长的）

Stunted growth（生长受阻）

Diminutive（微小的）

Dwarfish（矮小的）

Giant（巨人般的）

图3-16　描述身高的相关提示词的应用效果

2. 体重

图3-17展示了一些有关体重的提示词的应用效果。

提示词	示例图片	提示词	示例图片	提示词	示例图片
Thin （瘦的） Slim （苗条的） Lean （纤瘦的）		Heavy （重的） Overweight （体重超重的）		Slender （苗条的）	
Plump （丰满的）		Skinny （极瘦的）		Obese （肥胖的）	
Emaciated （异常瘦的）		Chubby （圆胖的）			

图3-17 描述体重的相关提示词的应用效果

3. 肌肉

图3-18展示了一些有关肌肉的提示词的应用效果。

提示词	示例图片	提示词	示例图片	提示词	示例图片
Muscular （肌肉发达的）		Bulging muscles （肌肉突出的）		Chiseled （雕塑般的）	
Beefy （肌肉壮实的）		Bulky （高大而结实的）	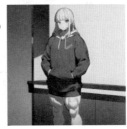	Lean muscles （纤细的肌肉）	

图3-18 描述肌肉的相关提示词的应用效果

4. 身材比例

描述身材可以使用一些专用的身形术语或者直接强调身体部分的特征。图3-19展示了一些有关身材比例的提示词的应用效果。

提示词	示例图片	提示词	示例图片	提示词	示例图片
Pear-shaped（梨形身材）		Hourglass figure（沙漏形身材）		Long-legged（长腿）	
Thin waist with fuller hips（细腰与丰满臀部）					

图3-19　描述身材的相关提示词的应用效果

3.2.2　面部特征及表情

脸部的特征有两层作用，一个是传达出人物的情绪，二是标识出人物的特征，一般来说，可以先描述出人物的脸部特征，从而塑造出人物的形象，再使用表情相关的提示词，传达出人物的情绪。以下面的提示词为初始提示词。

```
best quality,portrait, a girl,silver hair, blue eyes,long hair,blunt bangs,
looking at viewer
```

1. 脸形

图3-20展示了一些有关脸型的提示词的应用效果。

提示词	示例图片	提示词	示例图片	提示词	示例图片
Oval face（椭圆形脸）		Plump face（圆润的脸）		High cheekbones（高颧骨）	
Chubby cheeks（婴儿般的脸）		Wide cheekbones（宽颧骨）		Narrow cheekbones（窄颧骨）	

图3-20　描述脸型的相关提示词的应用效果

2. 眼部特征

眼部的特征，从以下几个方面进行描述。

● 眼形

图3-21展示了一些关于眼形（Eye Shape）的提示词的应用效果。

提示词	示例图片	提示词	示例图片	提示词	示例图片
Big eyes（大眼睛）		Fan-shaped eyes（扇形眼）		Tareme（眼角下垂）	
Tsurime（眼角上垂）					

图3-21 眼形相关提示词的应用效果

- 眼部细节

图3-22展示了一些眼部细节（Eye Details）的提示词的应用效果。

提示词	示例图片	提示词	示例图片	提示词	示例图片
Eyelashes（长睫毛）		Red pulil（红色瞳孔）		Bags under eyes（眼袋）	
Pink eyeshadow（眼影）		Double eyelid（双眼皮）		Ringed eye（环眼）	

图3-22 眼部细节提示词的应用效果

- 眼部动作

图3-23展示了一些眼部动作的提示词的应用效果。

提示词	示例图片	提示词	示例图片	提示词	示例图片
Closed eyes（闭着眼）		One eye closed（闭着一只眼睛）		Glaring（盯着）	
Empty eyes（空洞）		Sleepy eyes（睡眼）		Dead eyes（死鱼眼）	

图3-23 眼部动作提示词的应用效果

● 特殊的眼睛

图3-24展示了一些特殊眼睛的提示词的应用效果。

提示词	示例图片	提示词	示例图片	提示词	示例图片
Devil eyes（恶魔眼）		Flower-shaped pupils（花形瞳）		Glowing eyes（发光眼）	

图3-24　一些特殊眼睛的提示词的应用效果

3. 眉毛、耳朵、鼻子

眉毛同样可以从动作、形态、专用眉形等方面进行描述。为了表现出眉毛，去掉前刘海的特征，露出额头。耳朵可从形态、专用拟物耳形名词来指定，动作方面可表现的并不多，效果也较差。鼻子可使用形态、专用名词描述。图3-25展示了一些有关眉毛、耳朵、鼻子的提示词的应用效果。

提示词	示例图片	提示词	示例图片	提示词	示例图片
Frown（皱眉）		V-shaped eyebrows（V形眉）		Willow leaf eyebrows（柳叶眉）	
Small ears（小耳朵）		Pointed ears（尖形耳）		Cat ears（猫耳）	
Wide nose（宽鼻子）		Pointed nose（尖鼻子）		Aquiline nose（鹰钩鼻）	

图3-25　眉毛、耳朵、鼻子相关提示词的应用效果

4. 嘴巴和牙齿

图3-26展示了一些嘴巴和牙齿的提示词的应用效果。

提示词	示例图片	提示词	示例图片	提示词	示例图片
Stick tongue out（吐舌头）		Lips（嘴唇）		Open mouth, Share mouth（鲨鱼嘴）	

图3-26　嘴巴和牙齿相关提示词的应用效果

Fangs
（虎牙）

Primary teeth
（乳牙）

Gapped teeth
（稀疏牙）

图3-26　嘴巴和牙齿相关提示词的应用效果（续图）

5. 表情管理

表情可以传递喜悦、悲伤、愤怒、惊讶等各种情绪，使画作更具生命力和情感张力。它能够引导观众进入作品的情境，让他们更深入地理解画中的主题和故事。

● 常见的表情（喜怒哀恶）

图3-27展示了一些常见表情的关键词的应用效果。

提示词	示例图片	提示词	示例图片	提示词	示例图片
Smile （微笑）		Seductive smile （诱人的笑）		Smirk （得意的笑）	
Smug （沾沾自喜）		Naughty smile （淘气的笑）		Maniacal smile （狂笑）	
Sulking （生闷气）		Annoyed （恼怒）		Angry （生气）	
Pout （撅嘴）		Offended （被冒犯）		Frustrated （沮丧的）	
Roaring （咆哮）		Disappointed （失望）		Depressed （抑郁的）	

图3-27　常见表情提示词的应用效果

Lonely
（孤独）

Expressionless
（呆板的）

Sigh
（无奈）

Sad
（伤心的）

Grief-stricken
（极度悲伤）

Cry out
（嚎啕大哭）

Sobbing
（抽泣）

Confused
（疑惑）

Gasping
（痉挛）

Surprised
（吃惊）

Scared
（害怕）

Flustered
（慌张）

Worried
（担忧）

Horrified
（极度害怕）

Despair
（绝望）

Screaming
（尖叫）

Disdain
（嫌弃）

Disgust
（厌恶）

图3-27　常见表情提示词的应用效果（续图）

- 特殊神情

图3-28展示了一些特殊神情的关键词的应用效果。

提示词	示例图片	提示词	示例图片	提示词	示例图片
Seriour （严肃）		Tired （困倦的）		Sleepy （困的）	

图3-28　一些特殊神情提示词的应用效果

Evil
（邪恶的）

Envy
（嫉妒的）

Blush
（害羞）

图3-28　一些特殊神情提示词的应用效果（续图）

3.2.3　发型的控制

1. 发型基础控制

可直接指定头发的长短、颜色、形态、刘海、发际线等特征，但单个描述词并不够具体，要稳定地呈现出想要的发型效果，需要适当地组合它们，图3-29展示的是基础的可组合项。

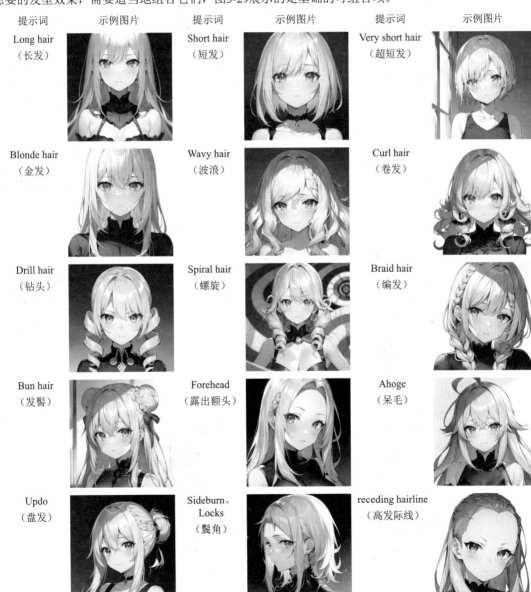

图3-29　基础发型提示词的应用效果

Blunt bangs
（齐刘海）

French braid
（法式编发）

Hair over one eye
（头发盖住一只眼）

图3-29　基础发型提示词的应用效果（续图）

2. 发型组合案例

更好的控制方式是指定具体的发型或者多种基础的特性进行整合，这样就能减少歧义，稳定获得想要的结果。参看图3-30所示的组合案例，描述越具体，发型的结果会越稳定。

| 提示词 | 示例图片 | 提示词 | 示例图片 | 提示词 | 示例图片 |

Ponytail（单马尾） 　Twintails（双马尾） 　Sidepony（侧马尾）

Low ponytail（低单马尾） 　Low twintails（低双马尾） 　Low sidepony（低侧马尾）

Braid ponytail（编发+单马尾） 　Braid twintails（编发+双马尾） 　Twintails, shorthair, blunt bangs（双马尾+短发+齐刘海）

Curl twintails（卷发+双马尾） 　Drill twintails（钻头+双马尾） 　Spiral twintails（螺旋+双马尾）

Short hair, long locks（短发+长鬓角） 　Two buns,long locks,short hair（双发髻+长鬓角+短发） 　Two buns, short hair,forehead（双发髻+短发+露出额头）

图3-30　组合发型提示词的应用效果示例

3. 特殊发型

图3-31展示了一些特殊发型的提示词的应用效果。

提示词	示例图片	提示词	示例图片	提示词	示例图片
Bowl cut hair（锅盖头）		Bob cut hair（鲍勃切发型）		Pompadour（大背头）	
Mohawk（鸡冠头）		Shaven head（光头）		Crew cut（寸短发）	
Afro（爆炸头）		Spiked hair（刺猬头）		Jinx hair（金克斯发型）	

图3-31　一些特殊发型提示词的应用效果

4. 头发动作和效果

图3-32展示了一些头发动作和效果的提示词的应用效果。

提示词	示例图片	提示词	示例图片	提示词	示例图片
White and black alternate hair color（黑白交杂的头发）		Blown hair（风吹动的头发）		Shiny hair（有光泽）	
Gradient color hair（渐变发色）		Streaked hair（颜色条纹）		Multicolored hair（多彩的头发）	

图3-32　头发动作和效果提示词的应用效果

3.2.4　肤色和肤质

为了显示肤色，下面改变一下模特的发色和发型。

```
best quality,portrait, a girl,black hair, blue eyes,short hair,blunt bangs,looking
at viewer
```

1. 肤色

可以看到肤色的设定会影响到原本设定的黑发。遇到这种情况，可尝试加大黑发的权重。图3-33展示了一些关于肤色的提示词的应用效果。

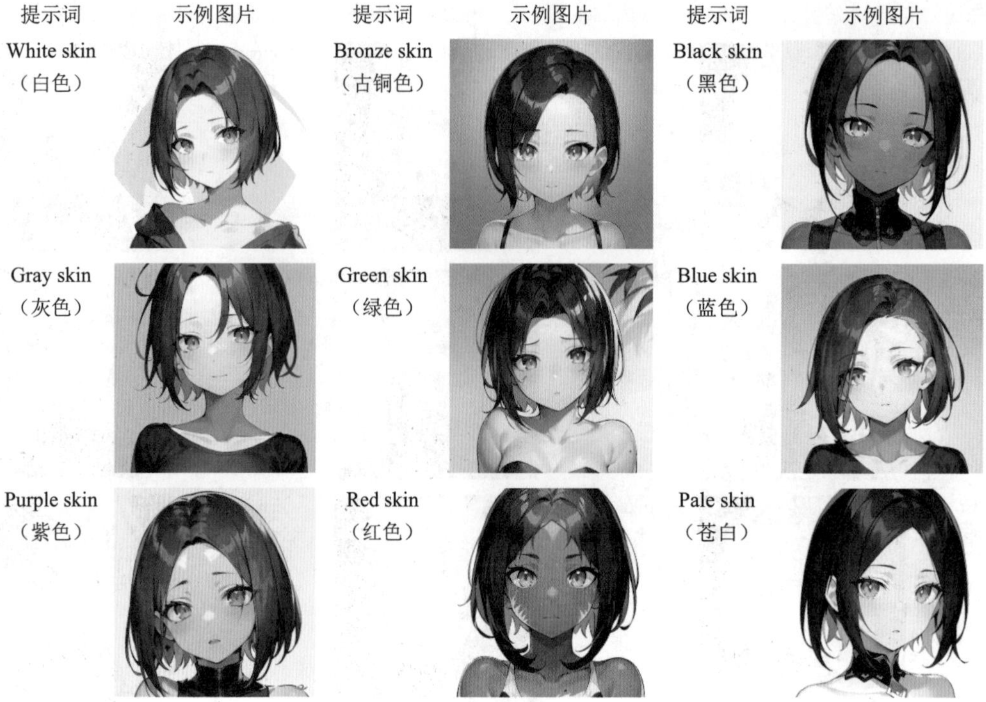

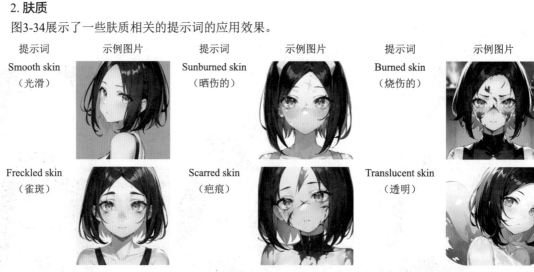

图3-33　一些肤色提示词的应用效果

2. 肤质

图3-34展示了一些肤质相关的提示词的应用效果。

图3-34　一些肤质相关的提示词的应用效果

3.2.5　姿势和动作

人体的姿势种类非常广泛，不同行业、文化和运动领域都可能存在更多特殊的姿势。本节只展示一些基本姿态和动作演示，希望能起到抛砖引玉的作用，读者可根据具体情境和需要，进一步进行细分和扩展。

提示词如下：

best quality,a girl,silver hair, blue eyes,long hair,blunt bangs,looking at viewer,full body

1. 站立姿势

图3-35展示了一些站立姿势的提示词的应用效果。

提示词	示例图片	提示词	示例图片	提示词	示例图片
Upright Standing（直立）		Forward-leaning Standing（前倾的）		One-legged Standing（单脚站立）	
Tadasana（塔式站立）		Horse stance（马步）		Folk Dance Stance（民族舞姿）	

图3-35　站立姿势提示词的应用效果

2. 坐姿

图3-36展示了一些关于坐姿的提示词的应用效果。

提示词	示例图片	提示词	示例图片	提示词	示例图片
Crossed legs（交叉腿）		Hugging own legs（抱腿）		Lotus position（莲花坐）	
Straddling（跨坐）		Seiza（跪坐）		Thigh straddling（大腿跨坐）	
Reclining Sitting（斜躺坐姿）		Burmese Position（缅甸坐）		Wariza（鸭子坐姿）	

图3-36　坐姿提示词的应用效果

3. 躺姿

图3-37展示了一些有关躺姿的提示词的应用效果。

提示词	示例图片	提示词	示例图片	提示词	示例图片
Prone（俯卧）		Lying supine（仰卧）		Lie on the side（侧卧）	

图3-37　躺姿提示词的应用效果

4. 行走或者奔跑

图3-38展示了一些行走或奔跑的提示词的应用效果。

提示词	示例图片	提示词	示例图片	提示词	示例图片

Walking（散步）  Jogging（慢跑）  Running（跑步）

Leap（跳跃）  Long Stride（大步走）  Sprinting（冲刺）

图3-38　行走或奔跑相关提示词的应用效果

5. 一些特殊姿势

图3-39展示了一些特殊姿势的提示词的应用效果。

提示词	示例图片	提示词	示例图片	提示词	示例图片

Squatting（蹲着）  Down on one knee（单膝下跪）  Kneel（跪着）

Crawling（爬行）  Split（开腿）  Handstand（倒立）

图3-39　一些特殊姿势提示词的应用效果

6. 头部和颈部动作

图3-40展示了一些头部和颈部动作的提示词的应用效果。动作不明显的话，可以加权重调整。

提示词	示例图片	提示词	示例图片

Looking up（抬头）  Looking down（低头）

图3-40　头部和颈部动作提示词的应用效果

7. 手臂动作

图3-41展示了一些手臂动作的提示词的应用效果。

提示词	示例图片	提示词	示例图片	提示词	示例图片
Hands up （手举起来）		Arms up （手臂举起来）		Waving （打招呼）	
Hands on Hips （叉腰）		Hands on Head （双手抱头）		Hug （拥抱）	
Crossed Arms （交叉臂）		Extended Arms （张开手臂）		Arms on the back side of head （手臂放后脑勺）	

图3-41　手臂动作相关提示词的应用效果

8. 腿部和脚部动作

腿部的动作并不如手臂丰富，大部分腿部动作已囊括在站姿和坐姿中。图3-42展示了一些腿部和脚部动作的提示词的应用效果。

提示词	示例图片	提示词	示例图片	提示词	示例图片
Legs up （抬腿）		Legs on head （腿靠近头）		Kicking （踢腿）	
Open Stance （跨腿姿势）		One-Leg Balance （单脚平衡）		Sway Step （摇摆步）	

图3-42　腿部和脚部动作相关提示词的应用效果

3.3
服饰配饰的控制

服饰配饰可以突出人物的个性、身份和情感状态。适当的服饰选择可以传达人物的职业、社会地位、文化背景等信息。同时，配饰如首饰、帽子、眼镜等可以补充和强调人物形象，突出其特点和风格。服饰配饰的颜色、质地、款式等细节也可以影响人物表达。通过巧妙地运用服饰配饰，能够丰富人物形象，使其更具个性、魅力和艺术表现力，本节以下面的提示词为基础进行示例。

```
best quality,a girl,silver hair, blue eyes,long hair,blunt bangs,looking at viewer,
upper body
```

3.3.1　上衣类

1. T恤

可以从衣领、袖长、印花、款式等方面来对T恤进行细化的描述。后面在描述其他服饰时，也可以添加这些特点的描述。图3-43展示了一些关于T恤的提示词的应用效果。

提示词	示例图片	提示词	示例图片	提示词	示例图片
Crew Neck t-skirt（圆领T恤）		V Neck t-skirt（V领T恤）		Square Neck t-skirt（方领T恤）	
Long Sleeve t-skirt（长袖T恤）		Graphic Print T-shirt（图像印花）		Slim Fit T-shirt（修身款）	

图3-43　T恤相关提示词的应用效果

2. 衬衫

图3-44展示了一些关于衬衫的提示词的应用效果。

提示词	示例图片	提示词	示例图片	提示词	示例图片
Spread Collar Shirt（开领衬衫）		PointedCollar Shirt（尖领衬衫）		sleeveless shirt（无袖衬衫）	
French Cuff Shirt（法式袖衬衫）		Slim Fit Shirt（紧身衬衫）		Losse Fit Shirt（松垮的衬衫）	

图3-44　衬衫相关提示词的应用效果

Plaid Shirt
（格子衬衫）

Striped Shirt
（条纹衬衫）

Patterned Shirt
（花纹衬衫）

Denim Shirt
（牛仔衬衫）

Business Shirt
（商务衬衫）

Casual Shirt
（休闲衬衫）

frilled shirt
（荷叶边衬衫）

Hoodie
（连帽衫）

Polo shirt
（polo衫）

Ascot Shirt
（领巾衬衫）

Bustier Shirt
（抹胸衬衫）

Vest Shirt
（背心衬衫）

图3-44　衬衫相关提示词的应用效果（续图）

3. 背心和马甲

图3-45展示了一些背心和马甲的提示词的应用效果。

| 提示词 | 示例图片 | 提示词 | 示例图片 | 提示词 | 示例图片 |

Crop Vest
（短款背心）

Camisole
（短款背心）

Suit Vest
（西装马甲）

Criss-cross halter
（交叉带背心）

Sweater vest
（毛衣背心）

Sailor Vest
（水手背心）

图3-45　背心和马甲相关提示词的应用效果

4. 毛衣

图3-46展示了一些关于毛衣的提示词的应用效果。

提示词	示例图片	提示词	示例图片	提示词	示例图片
Off-Shoulder Sweater（露肩毛衣）		aran sweater（阿兰毛衣）		ribbed Sweater（罗纹毛衣）	
Turtleneck Sweater（高领毛衣）		V-Neck Sweater（V领毛衣）		Sports Sweater（运动毛衣）	

图3-46　毛衣相关提示词的应用效果

5. 夹克

图3-47展示了一些关于夹克的提示词的应用效果。

提示词	示例图片	提示词	示例图片	提示词	示例图片
Leather Jacket（皮夹克）		Bomber Jacket（飞行员夹克）		Baseball jacket（棒球夹克）	
safari Jacket（旅行夹克）		Cropped Jacket（短款夹克）		Fur Jacket（毛皮夹克）	
Knit Jacket（针织夹克）		Down Jacket（羽绒夹克）		Biker Jacket（机车夹克）	

图3-47　夹克相关提示词的应用效果

6. 外套

图3-48展示了一些关于外套的提示词的应用效果。

提示词	示例图片	提示词	示例图片	提示词	示例图片
Overcoat（大衣）		Trench Coat（风衣）		Raincoat（雨衣）	

图3-48　外套相关提示词的应用效果

Pea Coat
（毛呢外套）

Blazer
（西服外套）

Cape
（披肩）

Parka
（派克外套）

duffel coat
（粗呢大衣）

Fur-trimmed coat
（毛边大衣）

Poncho
（斗篷）

quilted coat
（绗缝大衣）

Tail coat
（燕尾服）

图3-48　外套相关提示词的应用效果（续图）

3.3.2　下装类

1. 长裤

图3-49展示了一些关于长裤的提示词的应用效果。

提示词	示例图片	提示词	示例图片	提示词	示例图片

Jeans
（牛仔裤）

Dress Pants
（西裤）

Athletic Pants
（运动裤）

Slim-fit Pants
（修身长裤）

Wide-leg pants
（阔腿裤）

Culottes
（裙裤）

Pleated Pants
（百褶裤）

Harem Pants
（哈伦裤）

Cargo Pants
（工装裤）

图3-49　长裤相关提示词的应用效果

2. 短裤

图3-50展示了一些关于短裤的提示词的应用效果。

提示词	示例图片	提示词	示例图片	提示词	示例图片
Hotpants （热裤）		Denim Shorts （牛仔短裤）		Fitted Shorts （紧身短裤）	
Ruffle Hem Shorts （荷叶边短裤）		Suspender shorts （吊带短裤）		Belted Shorts （腰带短裤）	

图3-50　短裤相关提示词的应用效果

3. 裙子

图3-51展示了一些关于裙子的提示词的应用效果。

提示词	示例图片	提示词	示例图片	提示词	示例图片
Miniskirt （迷你裙）		Medium skirt （中长裙）		Long skirt （长裙）	
Ruffle Skirt （荷叶边裙）		Ball Gown （蓬蓬裙）		Mermaid_Skirt （鱼尾裙）	
Pencil Skirt （铅笔裙）		Layered Skirt （分层裙）		Kimono skirt （和服裙）	

图3-51　裙子相关提示词的应用效果

4. 连衣裙

图3-52展示了一些关于连衣裙的提示词的应用效果。

提示词	示例图片	提示词	示例图片	提示词	示例图片
Shell Dress（贝壳裙）		Sweater Dress（毛衣连衣裙）		Layered Dress（分层连衣裙）	
plaid Dress（格子连衣裙）		Backless Dress（露背裙）		Sailor dress（水手服）	
Cheongsam（旗袍）		Latex dress（乳胶连衣裙）		Wedding dress（婚纱）	
Vietnamese Dress（越南连衣裙）		Sundress（吊带裙）		Pinafore dress（无袖连衣裙）	
Nightgown（睡裙）		Negligee（纱裙）		Off-shoulder dress（露肩连衣裙）	

图3-52 连衣裙相关提示词的应用效果

5. 一些特殊服装

图3-53展示了一些特殊服装的提示词的应用效果。

提示词	示例图片	提示词	示例图片	提示词	示例图片
Pajama（睡衣）		Robe（长袍）		Evening gown（晚礼服）	

图3-53 一些特殊服装提示词的应用效果

Formal uniform
（礼宾服）

Vestment
（法衣）

Swimsuit
（泳衣）

Yoga top
（瑜伽上衣）

Baskball top
（篮球衣）

Soccer top
（足球上衣）

School uniform
（校服）

Overalls
（工装服）

Doctor's coat
（医生外套）

Nurse uniform
（护士服）

Chef uniform
（厨师服）

Police uniform
（警服）

Kimono
（和服）

Hanfu
（汉服）

Hanbok
（韩服）

Kilt
（苏格兰裙）

Sari
（萨里-印度
服饰）

Kurta
（卡拉库尔塔-
印度服饰）

Batik
（巴雅纳-印尼
服饰）

Dashiki
（达什基-西非
服饰）

Abaya
（阿布亚亚卜-
阿拉伯服饰）

图3-53 一些特殊服装提示词的应用效果

Native American Traditional Clothing
（传统印第安服饰）

Wizard Robe
（法式长袍）

Fairy Dress
（仙女裙）

Elven Attire
（精灵服装）

Dragon Knight Armor
（龙骑士铠甲）

Witch Costume
（女巫服）

Astronaut Suit
（宇航服）

Cyberpunk Outfit
（赛博朋克套装）

Future Soldier Suit
（未来战士服）

图3-53 一些特殊服装提示词的应用效果（续图）

3.3.3 配饰

1. 头饰

图3-54展示了一些关于头饰的提示词的应用效果。

提示词	示例图片	提示词	示例图片	提示词	示例图片

Headscarf
（头巾）

Headband
（发带）

Hairpin
（发夹）

Flower Crown
（花冠）

Veil
（头纱）

Feather Headpiece
（羽毛头饰）

图3-54 一些头饰提示词的应用效果

2. 首饰

图3-55展示了一些关于首饰的提示词的应用效果。

提示词	示例图片	提示词	示例图片	提示词	示例图片

Necklace
（项链）

Bracelet
（手镯）

Earrings
（耳环）

图3-55 一些首饰提示词的应用效果

Anklet
（脚链）

Watch
（手表）

Brooch
（胸针）

图3-55　一些首饰提示词的应用效果（续图）

3. 帽子

图3-56展示了关于各类帽子的提示词的应用效果。

提示词	示例图片	提示词	示例图片	提示词	示例图片
Straw Hat（草帽）		Hard Hat（钢盔）		Top Hat（礼帽）	
Beanie（毛线帽）		Bonnet（阀帽）		Sailor Hat（水手帽）	
Riding Hat（骑帽）		Bucket Hat（盆帽）		Veiled Hat（面纱帽）	
Cone hat（尖顶帽）		Beret（贝雷帽）		Trilby Hat（绅士帽）	
Cloche Hat（斗篷帽）		Cossack Hat（哥萨克帽）		Navy Hat（空军帽）	
Cambridge Hat（剑桥帽）		Casquette Hat（鸭舌帽）		Cowboy Hat（牛仔帽）	

图3-56　各类帽子提示词的应用效果

4. 围巾

图3-57展示了关于各类围巾的提示词的应用效果。

提示词	示例图片	提示词	示例图片	提示词	示例图片

Shawl（披肩）　　　　Blanket Scarf（毛毯围巾）　　　　Silk Scarf（丝绸围巾）

Necktie（领巾）　　　　Knitted Scarf（针织围巾）　　　　Printed Scarf（印花围巾）

图3-57　各类围巾提示词的应用效果

5. 鞋类

图3-58展示了一些有关鞋的提示词的应用效果。

提示词　示例图片　提示词　示例图片　提示词　示例图片

High Heels（高跟鞋）　　　　Athletic Shoes（运动鞋）　　　　Sandals（凉鞋）

Boots（长筒靴）　　　　Loafers（平底便鞋）　　　　Hiking shoes（登山鞋）

图3-58　一些鞋的提示词的应用效果

3.4 环境的设定

环境主要指场景、灯光、时间几部分。其中场景是主要内容，场景可分为几类，如简约的概念背景、自然景观、城市景观、历史场景、幻想场景等，不同的场景可烘托出不同的情景和内涵，善于设置场景，可使画面内容丰富起来，也更具备故事性，本节会逐一介绍各种类型的场景，对多种风格的场景进行融合，从而产生更为奇特、惊艳的效果。

3.4.1　简约概念背景

简约的背景可以帮助突出画作的主题或中心内容。通过减少背景元素和细节，可以使观众的注意力更集中在画作的核心部分，从而更好地传达作品的主旨。

1. 单色背景

使用单一的颜色作为背景，通常是纯色或简单的背景，如图3-59所示。使用单色背景可突出主题、强调形状和线条、创造平衡和和谐感、营造色彩情感和氛围。

提示词	示例图片	提示词	示例图片	提示词	示例图片
Blue background（蓝色背景）		Red Background（运动鞋）		Green Background（绿色背景）	

图3-59 单色背景提示词的应用效果

2. 渐变背景

使用颜色渐变效果，从一种颜色平滑过渡到另一种颜色，如图3-60所示。渐变效果可增加视觉层次、创造光影和深度、营造柔和过渡以及表达情感的变化。可使用AND语法来进行多色渐变或者指定渐变方向（但不稳定）。

提示词	示例图片	提示词	示例图片	提示词	示例图片
Red gradient background（红色渐变）		（red gradient background:1.6）AND（blue gradient background:1.8）（红蓝渐变）		（radial gradient background:1.8）AND（green gradient background:1.6）（绿色向外渐变）	

图3-60 渐变背景提示词的应用效果

3. 图案背景

使用重复的图案作为背景，可以是几何图案、花纹、条纹等，如图3-61所示。图案背景可以增加视觉趣味、营造特定主题或风格、丰富画面层次、创造独特的氛围以及表达个性与文化特色。

提示词	示例图片	提示词	示例图片	提示词	示例图片
Geometric patterns background（几何图案背景）		Floral patterns background（花卉纹样背景）		Polka dot patterns background（波点背景）	

图3-61 图案背景提示词的应用效果

4. 纹理背景

使用纹理效果，给背景增加质感和触感，可以是木纹、石纹、纸张纹理等，如图3-62所示。可增强画作的真实感、营造特定的表面质感、丰富画面的层次与细节，以及创造独特的氛围与情感表达。

提示词	示例图片	提示词	示例图片	提示词	示例图片
Wood texture background（木纹背景）		Brick background（石材背景）		Stone background（石头背景）	

图3-62 纹理背景提示词的应用效果

5. 艺术背景

使用艺术手法或者风格来创造独特的背景效果，如模糊、扭曲、泼墨等，如图3-63所示。艺术背景能强调创造性表达、突出艺术元素与风格、营造独特的视觉效果、表达情感与想法、与主题或概念相呼应。

提示词	示例图片	提示词	示例图片	提示词	示例图片
Blurry background（模糊背景）		Graffiti background（涂鸦背景）		Ink splash background（溅墨背景）	
Particle background（粒子背景）		Distorted background（扭曲背景）		Dynamic background（动态背景）	
Colorful background（多彩的背景）		Fluid background（流体背景）		Outline background（轮廓线背景）	

图3-63　艺术背景提示词的应用效果

3.4.2　自然景观

自然景观常用于创造和传达宁静、和谐、美丽或神秘的氛围，可以提供与大自然连接的感觉，并为插画注入自然元素和景色的魅力。下面将自然景观大致分为以下几类，并展示一些效果案例，具体实践时，可根据需要进行细化或者组合。

1. 山脉和丘陵

图3-64展示了一些山脉和丘陵的提示词的应用效果。

提示词	示例图片	提示词	示例图片	提示词	示例图片
Valleybackground（山谷）		Mountain peakbackground（山顶）		Ridge background（山岭背景）	
Cliff（悬崖）		Mountain stream background（山水之间）		Winding mountain path（蜿蜒山道）	

图3-64　山脉与丘陵相关提示词的应用效果

2. 森林和丛林

图3-65展示了一些森林和丛林的提示词的应用效果。

提示词	示例图片	提示词	示例图片	提示词	示例图片
Mountain forest （高地林）		Desert forest （沙漠林）		Tropical rainforest （热带雨林）	
Swamp forest （沼泽林）		Wetland forest （湿地丛林）		Grassland （草原）	

图3-65　森林和丛林相关提示词的应用效果

3. 湖泊和江海

图3-66展示了一些湖泊和江海的提示词的应用效果。

提示词	示例图片	提示词	示例图片	提示词	示例图片
Lake （湖泊）		Waterfall （瀑布）		River （河流）	
Glacier lake （冰川湖）		Beach （沙滩）		Stream （小溪）	

图3-66　湖泊和江海相关提示词的应用效果

4. 星空和宇宙

图3-67展示了一些星空和宇宙的提示词的应用效果。

提示词	示例图片	提示词	示例图片	提示词	示例图片
Starry sky （星空）		Interstellar space （星际空间）		Galaxy （星系）	

图3-67　星空与宇宙相关提示词的应用效果

Space station
（太空站）

Moon
（月亮）

On mars
（火星上）

图3-67 星空与宇宙相关提示词的应用效果（续图）

5. 自然现象

景观可叠加自然现象，使得整体更加立体。图3-68展示了一些自然现象的提示词的应用效果。

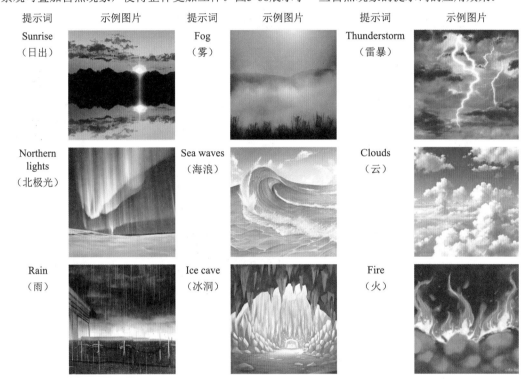

提示词	示例图片	提示词	示例图片	提示词	示例图片
Sunrise（日出）		Fog（雾）		Thunderstorm（雷暴）	
Northern lights（北极光）		Sea waves（海浪）		Clouds（云）	
Rain（雨）		Ice cave（冰洞）		Fire（火）	

图3-68 一些自然现象提示词的应用效果

3.4.3 现代城市景观

城市景观常常用于创造现代、繁忙、多样化和时尚的氛围，可以展现城市生活、都市文化和人类活动的热闹场景，也可以传达城市的活力和快节奏的生活方式。

1. 城市街道和建筑

图3-69展示了一些城市街道和建筑的提示词的应用效果。

提示词	示例图片	提示词	示例图片	提示词	示例图片
Busy street（繁忙街道）		City center square（城市广场）		City park（城市公园）	

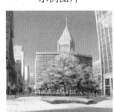

图3-69 城市街道和建筑提示词的应用效果

Traffic jam
（车水马龙）

Ruins
（废墟）

Skyscrapers
（摩天大楼）

Narrow streets
（小巷）

Pedestrian bridge
（人行天桥）

Amusement park
（游乐园）

Neon lights on the
street
（霓虹灯街道）

Top of building
（在楼顶）

Tokyo street
（东京街道）

Pairs street
（巴黎街道）

Chinese street
（中国街）

City skyline
（城市天际线）

图3-69　城市街道和建筑提示词的应用效果（续图）

2. 室内家居

可指定具体的室内地点，也可以添加代表室内风格的词汇或者某一类特殊的称谓。图3-70展示了一些室内家居的提示词的应用效果。

提示词	示例图片	提示词	示例图片	提示词	示例图片

Kitchen
（厨房）

Living room
（客厅）

Bedroom
（卧室）

Bathroom
（浴室）

Hallway
（走廊）

Balcony
（阳台）

图3-70　室内家居提示词的应用效果

Garage
（车库）

Conservatory
（花园室）

Tatami room
（榻榻米）

图3-70　室内家居提示词的应用效果（续图）

3. 办公场所

图3-71展示了一些办公场所的提示词的应用效果。

提示词	示例图片	提示词	示例图片	提示词	示例图片
Office （办公室）		Reception area （接待处）		Building lobby （大堂）	
Computer workstation （工作台）		Fitness room （健身房）		Data center （数据中心）	

图3-71　一些办公场所提示词的应用效果

4. 商店和商业空间

图3-72展示了一些商业场所的提示词的应用效果。

提示词	示例图片	提示词	示例图片	提示词	示例图片
Restaurant （餐厅）		Supermarket （超市）		Bookstore （书店）	
Coffee shop （咖啡馆）		Flower shop （花店）		Music store （音乐店）	
Bar （酒吧）		Buffet restaurant （自助餐厅）		Cinema （电影院）	

图3-72　一些商业场所提示词的应用效果

3.4.4 历史场景

历史场景常用于描绘特定历史时期、文化遗产和古老传统，可以带给观者一种沉浸式的感觉，回顾过去的岁月，并传达历史的重要性和深远影响。

1. 外国古迹

图3-73展示了一些外国古迹的提示词的应用效果。

提示词	示例图片	提示词	示例图片	提示词	示例图片
Pyramids（金字塔）		Colosseum（古罗马竞技场）		Eiffel Tower（埃菲尔铁塔）	
Egyptian Temples（埃及神庙）		Minoan Palace of Knossos（克里特岛迷宫）		Temple of Hephaestus（帕特农神庙）	
Ancient Greek City Ruins（古罗马遗迹）		Notre-Dame Cathedral（巴黎圣母院）			

图3-73　一些外国古迹提示词的应用效果

2. 东方古迹

图3-74展示了一些东方古迹的提示词的应用效果。

提示词	示例图片	提示词	示例图片	提示词	示例图片
Forbidden City（故宫）		Great Wall of China（长城）		Confucius Temple（夫子庙）	
Potala Palace（布达拉宫）		Osaka Castle（大阪城）		Classical Gardens of Suzhou（苏州园林）	

图3-74　一些东方古迹提示词的应用效果

3.4.5　幻想背景

幻想背景常用于创造奇幻、神秘和超自然的氛围，可以打开想象的大门，带观者进入神奇的世界，探索未知和超越现实的境界。

1. 科幻与未来

图3-75展示了一些科幻与未来的提示词的应用效果。

提示词	示例图片	提示词	示例图片	提示词	示例图片
Space station （空间站）		Alien planet （外星球）		Planet （星球）	
Spacecraft cockpit （飞船驾驶舱）		Sci-fi city （科幻城市）		Time-space portals （时空传送）	

图3-75　一些科幻与未来相关提示词的应用效果

2. 魔法与奇幻

图3-76展示了一些魔法和奇幻的提示词的应用效果。

提示词	示例图片	提示词	示例图片	提示词	示例图片
Fairy tale castle （童话城堡）	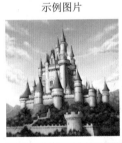	Mystical cavern （神秘洞穴）		Mountain of flames （火焰山）	
Palace of the ice （冰雪宫殿）		Labyrinth （迷宫）		Throne of enchantment （魔法王座）	
Mushroom jungle （蘑菇丛林）		Planet of enchantment （魔法星球）		Dark castle （黑暗古堡）	

图3-76　一些魔法和奇幻的提示词的应用效果

3.4.6 光线的设置

适当的光线可以营造出不同的氛围和情感。光线的明暗、方向和质感都能影响作品的表现力。明暗对比可以增强画面的深度和立体感，创造出戏剧性的效果。通过巧妙地控制光线，能够创造出引人入胜的画面，增加绘画的视觉冲击力和艺术表现力。

图3-77展示了一些光线设置的提示词的应用效果。

提示词	示例图片	提示词	示例图片	提示词	示例图片
Spotlight（聚光灯）		Backlight（背光）		Strobe light（闪光灯）	
Crepuscular rays（云隙光）		Artificial lighting（人工光照）		Natural lighting（自然光照）	
Sunlight（阳光）		Ray tracing（光线追踪）		Moody lighting（情绪照明）	
Cinematic lighting（影院灯光）		Hard lighting（硬朗照明）		Soft lighting（柔和照明）	
Volumetric lighting（体积照明）		Rembrandt lighting（伦勃朗照明）		Low-key lighting（低键照明）	
High-key lighting（高键照明）		Contre-jour（逆光照明）		Rays of shimmering light（闪烁光线）	

图3-77 一些光线设置的提示词的应用效果

3.4.7 场景融合

如前几节所展示的，通过指定标签设置场景的方式，可获得一些样板式的场景，这些场景在大多数场合已经足够使用。如果要营造出更加独特、细腻、具体的背景，可通过标签组合的方式来进行描述。组合的方式可以有多种，例如对场景的主体先进行大致的描述，框定住主体，然后再叠加多种描述细节的标签；另外还可以通过提示编辑或者可扩散组合的功能（3.1节）融合不同风格的背景，衍生出十分独特的背景效果。图3-78所示是一些组合案例。

英文提示词	中文提示词	示例图片
（Dark Castle:1.6）,（moon:1.3）,（Bats:1.2）,（Alien Planet:1.5）	黑色古堡，月亮，蝙蝠群，外星球	
（Planet of Enchantment:1.6）,（moon:1.3）,（Sci-fi city:1.6）,（Alien Planet:1.5）	魔法星球，月亮，科幻城市，外星球	
（Mushroom Jungle:1.6）,（Mystical Cavern:1.6）,（Alien Planet:1.5）	蘑菇丛林，神秘洞穴，外星球	

图3-78 一些复杂场景组合提示词的应用效果示例

英文提示词	中文提示词	示例图片
（ice kingdom:1.5），（Mountain of Flames:1.6），（Time-Space Portals:1.6）	冰雪王国，火焰山，时空穿梭	
（Labyrinth:1.6），（Sci-fi city:1.6），（Alien Planet:1.4）	迷宫，科幻城市，外星球	
a [Stream:Great Wall of China:8] landscape，（blurry background:1.3）	1～8步渲染小溪，9～31步渲染长城，模糊背景	
Mushroom Jungle:1.3 AND Alien Planet AND Sci-fi city	蘑菇丛林和外星球和科幻城市 （使用扩散组合须调大steps，否则画面会不清楚）	

图3-78 一些复杂场景组合提示词的应用效果示例（续图）

英文提示词	中文提示词	示例图片
（Mushroom Jungle:1.5），（Busy Street:1.6），（Sci-fi city:1.3），（Fluid background:1.3）	蘑菇丛林，繁忙街道，科幻城市，水流背景	
（Eiffel Tower:1.5），（Colosseum:1.6），（Chinese street:1.8），（Clouds:1.3）	埃菲尔铁塔，罗马竞技场，中国街道，云	

图3-78　一些复杂场景组合提示词的应用效果示例（续图）

3.5 构图

确定了主体和环境之后，下一步是考虑如何构图。构图是指决定画面中各元素的布局和排列方式。首先，想一想镜头的焦点在哪里？也就是画面中要突出显示的重要部分，这可以是主要的人物、物体或景观；然后，考虑主体的朝向是哪里？这意味着主要的人物或物体在画面中的方向或位置，可以决定他们是向左、向右、向上、向下等；最后，思考主体和背景的画面占比，也就是主体在画面中所占的比例，用户可以决定主体占据大部分画面，或者在一个小角落突出显示。通过合理安排镜头焦点、主体的朝向和主体与背景的画面占比，可以创造出令人愉悦的构图，吸引观众的注意力，并传达出想要表达的信息。

3.5.1 视角

视角设定决定了观众观察画面的角度和位置，影响着画面的透视、深度和立体感，以及观众与作品的互动和情感体验。图3-79展示了一些有关视角的提示词的应用效果。

提示词	示例图片	提示词	示例图片	提示词	示例图片
First-person view （第一人称视角）		Dutch angle （荷兰角（倾斜角度））		Eye level view/level gaze/straight gaze （平视）	

图3-79　一些视角提示词的应用效果

From above
（从上面看）

From behind
（从后面看）

From below
（从下面看）

From side
（从侧面看）

Perspective
（透视效果）

Aerial View
（鸟瞰图）

Foot focus
（足部焦点）
其他部位也可
参考这个语法

Dynamic
angle
（动态角度）

Profile
（侧面）

图3-79　一些视角提示词的应用效果（续图）

3.5.2　画面位置

主体画面位置决定了观众的注意力焦点和画面的平衡感。合理的主体位置可以引导观众的目光，营造视觉冲击力和艺术效果，同时确保画面的平衡和协调。

图3-80展示了一些主体位置的提示词的应用效果。

| 提示词 | 示例图片 | 提示词 | 示例图片 | 提示词 | 示例图片 |

Symmetry
（对称）

Feet out of frame
（脚出框）

Head out of frame
（头出框）

Collage
（拼贴画）

Character chart
（角色表）

Reference sheet
（设计参考）

Close-up
（特写）

Upper body
（上半身）

Full body
（全身）

图3-80　一些主体位置的提示词的应用效果

Portrait
（头像）

Cowboy shot
（七分身）

Rotated
（旋转）

图3-80　一些主体位置的提示词的应用效果（续图）

3.6
画质及艺术风格的控制

画质决定了画作的清晰度、细节表现和观赏体验。高画质作品呈现出逼真、精细的细节，增强观众的沉浸感，而低画质作品可能失去细腻和真实感，影响观赏者的理解和欣赏。艺术风格则是对形式、表现和情感的独特诠释，不同风格赋予作品不同的氛围和审美体验。画质和艺术风格相互影响，高画质能更好地呈现和强调所追求的艺术效果，同时艺术风格的选择也会影响对画质的要求。

3.6.1　画质的控制

画质的控制比较简单，只需要对AI传达所需的画质水平，AI就会按要求生成，这个过程并不需要太多的逻辑。需要注意的是画质与风格有时候是相辅相成的，有些画质的描述词反而可能会干扰到独特的艺术风格，是否添加，需要结合整体来判断。

利用提示词，仅能控制画面的下限，不让画质太差而已，在某些生成的画面中，仍旧会有画质不清的问题存在，这个时候使用Hires.fix放大细节或者使用提升画质的相关插件会是更好的选择。

图3-81所示是不加任何画质描述词的生成效果，提示词如下。

```
a girl,silver hair, blue eyes,long hair,blunt bangs,looking at viewer,standing,
full body
```

图3-81　不加任何画质描述词的应用效果

保持seed值不变，打开hires.fix功能，并添加画质提示词，效果如图3-82所示。

提示词	示例图片	提示词	示例图片

HDR,UHD,8K
（提高分辨率）

Best quality
（强调质量）

Masterpiece
（杰作）

Highly detailed
（高细节）

Ultra-fine painting
（超精细绘画）

Sharp focus
（聚焦清晰）

Physically-based
rendering
（物理渲染）

Extreme detail
description
（极详尽的描述）

图3-82　一些描述画质的提示词的应用效果

Vivid Colors
（生动的色彩）

Bokeh
（背景虚化）

图3-82　一些描述画质的提示词的应用效果（续图）

可以看到，提示词为HDR，UHD，8K的图片效果最好。目前对于画质的提示词一般原则就是酌情添加上去即可，高清修复主要还是要依靠hires.fix功能或者专用插件。

3.6.2　艺术风格的控制

在绘画历史上，出现过很多艺术风格，有些艺术风格形成了足以影响时代的潮流，被列为典范，专有的命名词汇也由此而来；而有些艺术风格则凭其作者独特的画风脱颖而出，这类风格往往以作者的名字指代。在控制AI绘画的风格时，可以选择从媒介类别、风格名称、作者名称、绘画技法这4个从抽象到具体的层次进行描述。

1. 通过媒介类别控制风格

图3-83展示了一些媒介艺术风格的提示词的应用效果。

提示词	示例图片	提示词	示例图片	提示词	示例图片
Lnk wash painting （水墨画）		Silhouette （剪影）		（posing sketch）， （monochrome） （黑白草图）	
（monochrome）， （gray scale）， （sketch lines:1.7） （铅笔速写）		Watercolor （水彩）		Crayon painting （蜡笔）	

图3-83　一些描述媒介类别的提示词的应用效果

2. 通过艺术风格名称控制

图3-84展示了一些艺术风格的提示词的应用效果。

提示词	示例图片	提示词	示例图片	提示词	示例图片
Pixel art （像素艺术）		1980s anime （20世纪80年代 动画）	 	Style of Pixar （皮克斯风格）	

图3-84　一些艺术风格提示词的应用效果

Render
（渲染）

Studio ghibli
（吉卜力风格）

Faux traditional media
（签绘）

Album cover
（专辑封面）

Magazine scan
（杂志封面）

Synthwave
（合成波）

Art nouveau
（新艺术主义）

Realistic
（写实）

Impressionism
（印象主义）

Minimalism
（极简主义）

Fauvism
（野兽派）

Illustration,
（（（ukiyoe:1.3）））,
（（sketch）），
（japanese_art）（浮世绘）

Photorealistic
（写实）

Chibi
（Q版）

American propaganda
poster
（美国宣传海报）

图3-84　一些艺术风格提示词的应用效果（续图）

3. 通过指定艺术家来控制

图3-85展示了一些艺术家风格的提示词的应用效果。

提示词	示例图片	提示词	示例图片	提示词	示例图片
By William Dyce （威廉·戴斯）		By Joe Fenton （乔治·芬顿）		By Alphonse Mucha （阿尔丰斯·穆夏）	
By Monet （莫奈）		By Cuno Amiet （库诺·阿米耶）		By Paul Hedley （保罗·赫德利）	

图3-85　一些知名艺术家提示词的应用效果

By Vincent van Gogh
（梵高）

By Andy Warhol
（安迪·沃霍尔）

By Leonid Afremov
（李奥尼德·阿夫列莫夫）

By Ferdinand Hodler
（费迪南德·霍多勒）

By Henri Matisse
（亨利·马蒂斯）

By Edvard Munch
（爱德华·蒙克）

By Akira Toriyama
（鸟山明）

By Katsuhiro Otomo
（大友克洋）

By Rumiko Takahashi
（高桥留美子）

By Makoto Shinkai
（新海诚）

By Osamu Tezuka
（手冢治虫）

By Tsutomu Nihei
（贰瓶勉）

By Eiichiro Oda
（尾田荣一郎）

By Hirohiko Araki
（荒木飞吕彦）

By Naoko Takeuchi
（武内直子）

By Kentaro Miura
（三浦建太郎）

By Katsuya Terada
（寺田克也）

By Takeshi Obata
（小畑健）

By Yuko Shimizu
（清水裕子）

By Yayoi Kusama
（草间弥生）

By Tony DiTerlizzi
（托尼·德特洛伊）

图3-85 一些知名艺术家提示词的应用效果（续图）

By Ben Caldwell
（本·考德威尔）

By Adam Hughes
（亚当·休斯）

By John J. Muth
（约翰·J·麦克沃特）

By Sergio Toppi
（塞尔吉奥·托普皮尼）

By John Howe
（约翰·霍尼）

By Frank Miller
（弗兰克·米勒）

By Duncan Fegredo
（邓肯·弗莱根）

By Edmund Dulac
（埃德蒙·达特）

By Jacques Tardi
（雅克·塔蒂）

By Gaston Bussiere
（加斯顿·布西耶尔）

By Akihiko Yoshida
（吉田明彦）

By Rebecca guay
（丽贝卡·盖伊）

By Marc Simonetti
（马克·西蒙内蒂）

By Jean-honore Fragonard
（让·奥诺雷·弗拉戈纳尔）

By Steve Henderson
（史蒂夫·亨德森）

By Andrew Atroshenko
（安德鲁·阿奇什柯）

By William Holman Hunt
（威廉·霍尔曼·亨特）

By Milton Avery
（米尔顿·艾弗里）

By Carl Larsson
（卡尔·拉尔森）

By Alfons Mucha
（阿尔方斯·穆夏）

图3-85　一些知名艺术家提示词的应用效果（续图）

4. 通过绘画技法来控制

图3-86展示了一些绘画技法的提示词的应用效果。

提示词	示例图片	提示词	示例图片	提示词	示例图片
Monochrome （单色画）		Sketch （草图）		Flat color （平涂）	
Lineart （线描）		Charcoal sketch （素描）		Thick lines （粗线条）	
Color block style （色块）		Heavy contrast （强对比度）		Limited palette （限色）	

图3-86 一些设置绘画技法的提示词的应用效果

5. 画风融合案例

图3-87展示了一些画风融合的提示词的应用效果。

英文提示词	中文提示词	示例图片
（art nouveau:1.2）， （Silhouette:1.6）	新艺术主义，剪纸风格	
（art nouveau:1.3），（charcoal sketch:1.3）	新艺术主义，炭笔草稿	

图3-87 画风融合提示词组合示例

英文提示词	中文提示词	示例图片
（heavy contrast:1.3），（thick lines:1.3），（charcoal sketch:1.2）	高对比度，粗线条，炭笔草稿	
（by Sergio Toppi:1.3），（By Jacques Tardi:1.3），（by alphonse mucha:0.6）	塞尔吉奥·托普皮尼，雅克·塔蒂，阿尔丰斯·穆夏	
（art nouveau），（By Jacques Tardi:1.1），（flat color:0.5）	新艺术主义，雅克·塔蒂，平涂	
（by Adam Hughes:1.4），（1980s anime）	亚当·休斯，80年代动漫	

图3-87 画风融合提示词组合示例（续图）

英文提示词	中文提示词	示例图片
（By Leonid Afremov:1.1）， （Synthwave:1.3）， （Silhouette:1.2）	李奥尼德·阿夫列莫夫， 合成波，剪纸艺术	
（By Osamu Tezuka），（by Jacques Tardi:1.5）	手冢治虫，雅克·塔蒂	
（thick lines），（by Edmund Dulac:1.5）	粗线条，埃德蒙·达特	

图3-87　画风融合提示词组合示例（续图）

3.7
提升整体画面的效果

通过设置镜头或者相机，指定一些特殊滤镜或者效果名称，可使画面获得一些特殊的效果，增强画面的氛围和情绪，营造独特的视觉效果。

3.7.1　相机和镜头设置

可以从相机、胶卷、镜头、相机设置等方面进行设置，如图3-88所示。动漫图片看不出镜头设置效果，此处把模型切换为真人模型，部分图片采用了景观图像而非人物写真。

图3-88　一些相机和镜头设置提示词的应用效果

3.7.2　特殊效果

图3-89所示是一些特殊效果的展示，特殊效果可以为画作增添独特的视觉魅力和艺术感。

提示词	示例图片	提示词	示例图片	提示词	示例图片
Motion lines（体现运动的线）		Speed lines（速度线）		Sparkle（闪耀的）	
Drop shadow（阴影效果）		Lens flare（镜头光晕）		Fisheye（鱼眼镜头）	
High saturation（高饱和度）		Motion blur（运动模糊）		Light particles（闪光粒子）	
Bokeh（背景虚化）		Chiaroscuro（明暗对比）			

图3-89　一些特殊效果提示词的应用效果

3.8 本章小结

提示词是与AI模型进行沟通的桥梁，写作良好的提示词能让AI更准确地理解，减少沟通成本，提高创作的效率。3.1节介绍了Stable Diffusion提示词写作的基本语法，包括提示词的元素构成、权重的控制、生成控制等，另外也介绍了Midjourney提示词基本的语法和常用的命令参数。在这些基础上，引入了提示词写作的一般框架，即按主体、环境、构图、艺术风格、画面质量、画面效果这几个方面来思考和组织提示词。

掌握写作的基本思考框架之后，需要掌握各方面描述的一些基本词汇，并懂得应用这些基本词汇，这样在提示词写作过程能自主地、有思考地进行创作；3.2节介绍了人物主体相关的描述词，包括形体、五官、表情、肤色、肤质、发型、动作、姿态等方面，同时也给出了示例图片方便读者理解含义；3.3节介绍了服饰及配饰相关的提示词，读者可从中掌握服饰及配饰的一般分类，从而获得根据人物和场合需要选择合适服饰的能力；3.4节对环境进行了分类，并给出了描述词及其生成范例，环境的描述词也可进行组合，从而创造出复杂的场景；3.5节介绍了控制画面构图的一些词汇，这些词汇能起到一定的作用，要善于运用；3.6节介绍了影响画质及控制画风的描述词，善于运用并组合这些描述词，能给画面整体的观感带来巨大的改变；3.7节介绍了一些画面效果的描述词，这些词汇有助于增强画面的氛围和情绪，营造独特的视觉效果。

第 4 章
AI 绘画高级功能

　　单纯使用提示词来生成图像，有时候并不能满足使用需求。对于某些特定的垂直领域，例如儿童插画、平面设计、UI设计和海报营销等，需要使用特定画风的开源模型；另一方面，想让生成结果更加可控，或者进行一些编辑和修改，也需要借助一些开源插件；最后，当开源不能满足要求时，训练自己的定制模型是一个非常好的选择。针对以上需求，本章将介绍AI绘画的一些高级功能，包括开源模型的使用、开源插件的使用、如何训练自己的定制模型，以及Midjourney的用法进阶。

4.1
开源模型的使用

　　AI绘画之所以有强大的生命力和传播力，很大程度上受益于开源模型的蓬勃发展。用户可以将自己训练的模型上传至网站，也可以下载他人训练好的模型。开源模型提供了一种快速的方式，可以利用已有的模型来生成高质量的艺术作品。一些开源模型适合产生特定风格，仅用简单的提示词就能达到想要的效果。例如儿童插画风格，用户可以直接下载儿童插画风格的模型，在此基础上能够很容易生成符合需求的儿童插画。开源模型本质上是基于官方模型进行微调的模型，因此模型的硬件配置要求和第2章中的官方模型一致，需要6GB以上显存的英伟达GPU，推荐使用SSD固态硬盘，方便切换。

　　目前，用户量最多的开源模型网站是civitai，其在不到一年时间，就已经上传了超过10万个模型，囊括写真、动漫、3D、插画、平面设计等多个领域，可见AI绘画的火爆程度。图4-1展示了civitai网站的主页面，网站默认按照用户评分排序模型，用户也可以进行搜索，选择对应的模型。

图4-1　开源模型网站www.civitai.com

国内也有一批类似的开源模型网站，例如AIGC Cafe，也提供了海量模型供下载。图4-2所示是国内开源模型网站AIGC Cafe的界面，用户可以根据标签进行筛选，选择想要的模型类型进行下载。网站展示的图片是用该模型进行生成的图片示例，如果用户想要生成类似的图片，可以单击下载该模型。

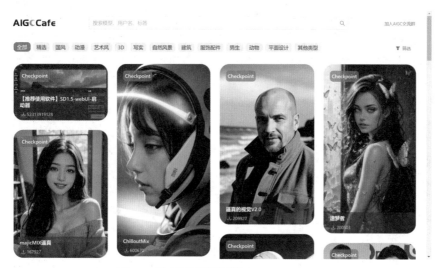

图4-2　国内开源模型网站www.aigccafe.com

开源模型根据其类型，主要分为三类——基础模型（checkpoint）、LoRA模型和Textural Inversion模型。在各类开源模型网站上，都会在图标的左上角标注模型的类型，如图4-3所示，分别在左上角标明了checkpoint、Textural Inversion和LoRA三种种类，左侧的模型是checkpoint，中间的模型是Textural Inversion，下方的模型是LoRA。接下来将详细说明这三类模型的区别，以及如何使用这三种模型。

图4-3　开源模型网站通常在模型左上角标明

4.1.1　基础模型

基础模型（checkpoint）是一类经过用户调整的Stable Diffusion模型，大小一般在2～8GB，一般在网站上标注为"checkpoint"或者"base model"，第2章中提到的"Anything-V3"就是一类对动漫定制化调整的基础模型。下面以网站civitai为例，演示如何下载并使用基础模型。

单击选择dreamshaper模型，图4-4显示了dreamshaper模型的详细信息，左侧图片是用该模型生成的示例图片，单击右侧Download按钮即可下载。

图4-4　civitai checkpoint模型详细信息

用户需要将下载的模型放置在安装软件的对应目录 models/Stable-diffusion之下，如图4-5所示。

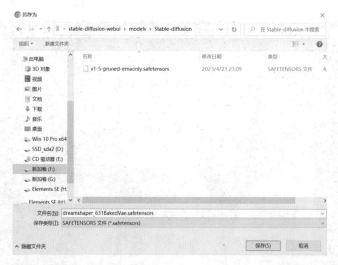

图4-5　将下载的基础模型放在models/Stable-diffusion目录下

回到Stable Diffusion界面后，单击左上角"刷新"按钮后，就可以看到新下载的模型，单击模型进行切换，如图4-6所示。切换主模型将花费十几秒至几十秒不等的时间，使用SSD硬盘将获得更快的加载速度。

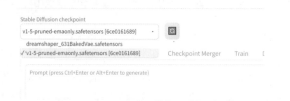

图4-6　刷新并加载新下载的基础模型

在开源模型网站上，每一个模型都会配备若干张示例图片作为说明，单击示例图片，查看示例图片的详细信息，包括所用提示词和相关参数，如图4-7所示，包含所用模型、提示词、负向提示词、采样器、seed等，用户复制相关参数进行生成就可以复现类似的效果。

图4-7　模型页面示例图片的详细参数

图4-8展示了载入开源模型dreamshaper后，示例图片和自己复现图片的效果对比，从对比图中可以发现效果是非常相似的。

开源模型示例图片　　　　　　　　　　使用开源模型自己生成的图片

图4-8　使用开源模型复现示例图片类似效果

4.1.2 LoRA 模型

　　LoRA模型是一类小模型，大小一般在8～200MB，它依赖于基础模型。LoRA模型相当于基础模型的一个修改器，只有修改器是无法正常运行的，因此使用时必须搭配基础模型一起使用。图4-9展示了civitai网站上一个LoRA模型的详细信息，和checkpoint模型类似，包含示例图片和说明。除此之外，有些LoRA模型会包含触发词（Trigger Words）标签，所谓触发词，就是在提示词中加入对应的提示词，能够更好触发LoRA模型对应的效果。例如图4-9所示中的触发词就有"shuimobysim""wuchangshuo""bonian""zhenbanqiao"和"badashanren"等。在生成的过程中，加入以上触发词，能够最大程度体现LoRA模型的修改效果。

图4-9　civitai网站上的LoRA模型页面展示

　　下载LoRA模型后，需要将模型放到models/Lora目录下，如图4-10所示。

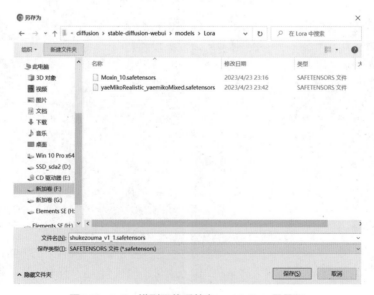

图4-10　LoRA模型下载后放在models/Lora目录下

如果是第一次使用LoRA模型，需要按照图4-11所示的步骤加载LoRA模型。

第一步单击右侧Generate按钮下方的红色小按钮，接着选择LoRA页面，位于models/Lora路径下的所有模型就都会通过图标的方式展示出来，最后单击图标，会自动在提示词一栏添加一段提示词，对应的格式是<lora:模型名称:模型权重>。

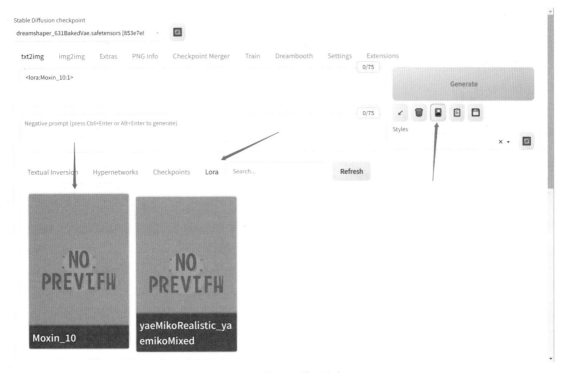

图4-11　加载LoRA模型的步骤

用户在此基础上添加触发词，再添加自定义的描述，就可以进行生成了。下面是一组提示词示例。

提示词：<lora:Moxin_10:1> shuimobysim，wuchangshuo，bonian，zhenbanqiao，badashanren，a traditional chinese girl

- 第一行的<lora:Moxin_10:1>是通过图4-11步骤自动添加的，"shuimobysim，wuchangshuo，bonian，zhenbanqiao，badashanren"是从模型网页中复制的触发词（Trigger word）。
- 第二行"a traditional chinese girl"才是定义的想生成的内容。图4-12展示了使用LoRA模型生成水墨风格图片的效果，输入提示词即可得到，这里选择的基础模型是dreamshaper。

1. 调整LoRA的模型权重

刚才提到LoRA模型加载后的格式是<lora:模型名称:模型权重>，假如改变LoRA模型的权重，会对生成结果产生什么影响呢？

如图4-13所示，分别将LoRA的模型权重调整为1.0、0.5和0.1，观察权重对结果的影响。从生成结果中可以看到，权重越低LoRA模型的影响效果越小。本例选用的模型是水墨风模型，权重为1.0时展现出完整的水墨风格；权重降低到0.5时，产生了水墨风和动漫风混合的效果；权重进一步降低到0.1时，基本只剩下动漫风，完全看不出水墨风的影响了。这也印证了最开始的一个比喻，LoRA模型是基础模型的一个修改器，用户可以根据自己的需求，调整修改器的强弱，以达到想要的生成效果。

图4-12　使用LoRA模型生成水墨风格图片

LoRA权重为1.0　　　　　　　　LoRA权重为0.5　　　　　　　　LoRA权重为0.1

图4-13　LoRA模型权重对生成效果的影响

2. 同时使用多个LoRA模型

上面提到，LoRA模型相当于基础模型的修改器，那是否可以同时加载多个LoRA模型呢？答案是肯定的，加载多个LoRA模型能够产生更多混合效果。用户只需要按照提示词的方式累加LoRA模型即可，例如两个模型 <lora:Moxin_10:1.0>和 <lora:yaeMikoRealistic_yaemikoMixed:1.0> ，同时添加到提示词中。图4-14展示了同时使用这两个模型的效果，最右侧的图片同时具备了前面两个模型的效果。

```
<lora:yaeMikoRealistic_yaemikoMixed:1.0> yae Miko
<lora:Moxin_10:1> shuimobysim, wuchangshuo, bonian, zhenbanqiao, badashanren, a chinese
girl
```

<lora:Moxin_10:1.0>　　　　<lora:yaeMikoRealistic_yaemikoMixed:1.0>　<lora:yaeMikoRealistic_yaemikoMixed:1.0>
　　　　　　　　　　　　　　　　　　　　　　　　　　　　　　　　<lora:Moxin_10:1.0>

图4-14　同时使用多个LoRA模型

4.1.3　Textual Inversion 模型

Textual Inversion模型和LoRA模型类似，也需要搭配基础模型才能使用，大小一般只有几十千字节左右，如图4-15所示。Textual Inversion模型的独特用法是作为负向提示词（Negative Prompt），使用Textual Inversion作为负向提示词，可以修复AI绘画产生的一些问题，例如生成诡异的手部和脸部。

图4-15　Textual Inversion模型

下载Textual Inversion模型后，需要将模型放在embeddings目录下，如图4-16所示。

图4-16　将Textual Inversion模型放在embeddings目录下

加载Textual Inversion模型的步骤可以参考图4-17，和LoRA模型一样，需要依次单击Generate下方的红色按钮，单击Textual Inversion，选择对应的模型。这里下载的Textual Inversion模型是作为负向提示词使用的，所以触发词"aid291"应该添加在负向触发词一栏。

以下是使用Textual Inversion模型作为负向触发词修复手部问题，图4-18左侧图片是添加了"aid291"作为负向提示词的结果，右侧是未添加的结果，从手部结果来看有明显改善。

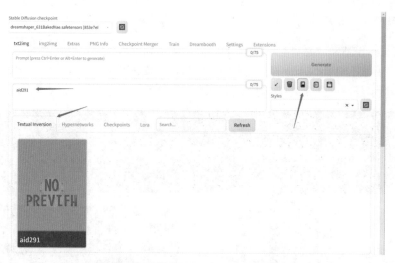

图4-17　加载并使用Textural Inversion模型

图4-18　Textural Inversion作为负向提示词修复手部问题

4.2
开源插件的使用

　　开源插件提供了许多额外的功能，能够在基础的Stable Diffusion软件之外，完成更复杂的需求，或者提供一些便利性功能。例如ControlNet可以增强生成图片的可控性，中文插件提供便利性，Tagger插件方便用户准备训练数据，等等。所有的开源插件都是由开源社区的贡献者无偿提供的，并且还在不断更新增加中。未来开源插件会变得越来越强大，功能越来越完善，因此掌握开源插件的扩展和使用方法，对于提高AI绘画水平几乎是必须的。

　　切换到Stable Diffusion webUI软件的Extensions页面，再单击Load from按钮就能显示出官方推荐的一系列插件，如图4-19所示。

　　也可以像图4-20一样，从GitHub的网页地址或者本地文件夹开始安装插件，这种方式比较适合不熟悉网络的用户。

　　安装完成后切换到Installed界面，如图4-21所示，单击"Apply and restart UI"按钮，就能显示新安装的插件了。

　　Stable Diffusion webUI推荐的插件可以在它的网址[①]中查看，附带详细的说明和图片描述，读者可以自行

---

① https://github.com/AUTOMATIC1111/stable-diffusion-webui/wiki/Extensions

查看并选择所需的功能。

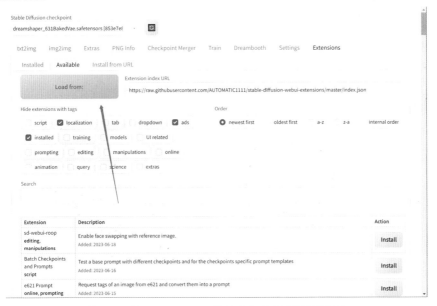

图4-19 从Stable Diffusion软件中查看可用的开源插件

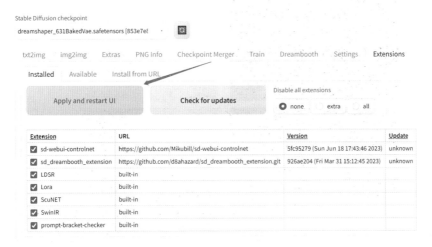

图4-20 从URL或者本地安装插件

图4-21 查看安装的插件并刷新

4.2.1 ControlNet

  ControlNet是一种用于控制Stable Diffusion的神经网络模型。用户可以将ControlNet与Stable Diffusion模型结合在一起使用。ControlNet增强了生成图片的可控性，之前用户仅能提供文字或者示例图片来生成图片，现在借助ControlNet[①]就可以在文字和图片的基础上增加额外的控制条件，例如，通过姿态图来控制生成人物的姿势和动作，或者通过线稿来控制整体的结构。图4-22展示了几个ControlNet常用的功能。

输入   输出

图4-22　ControlNet功能展示

---

① 更多关于ControlNet的信息可以在论文《Adding Conditional Control to Text-to-Image Diffusion Models》中找到。

ControlNet比较常用的两种控制能力：通过线条或线稿生成（如图4-23所示），以及通过人体姿态来生成（如图4-24所示）。通过线条或线稿生成先提取图的边缘信息，形成线稿简图，再作为控制条件送入ControlNet，生成的图片在线稿上完全和输入图片一致。通过人体姿态来生成先利用OpenPose提取人体姿态信息，再作为条件送入CtonrolNet，生成的图片仅有姿态和输入图一致，细节上和输入图差别较大。

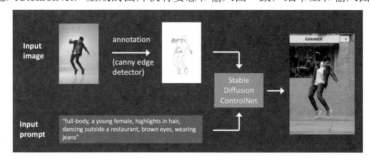

图4-23　ControlNet线条控制生成

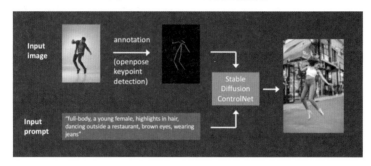

图4-24　ControlNet通过姿态控制生成

1. 安装ControlNet

切换到Extensions界面，选择"Install from URL"选项卡，输入ControlNet插件的GitHub地址并单击Install按钮，如图4-25所示。

```
https://github.com/Mikubill/sd-webui-controlnet
```

图4-25　安装ControlNet

安装完成后，关闭Stable Diffusion后台程序或重启计算机，重新启动Stable Diffusion软件。在txt2img或img2img界面，向下拖动，就可以看到多出ControlNet的插件部分，如图4-26所示。

至此ControlNet还未完全完成安装，还需要到以下网站下载对应的模型才能使用。全部模型加起来总共18GB，每个模型大小约1.45GB，可以按需下载，下载完成后将模型放在stable-diffusion-webui/models/ControlNet目录下。使用什么模型，完全取决于表4-1所示中所选中的Control Type，即控制类型。

```
https://huggingface.co/lllyasviel/ControlNet-v1-1/tree/main
```

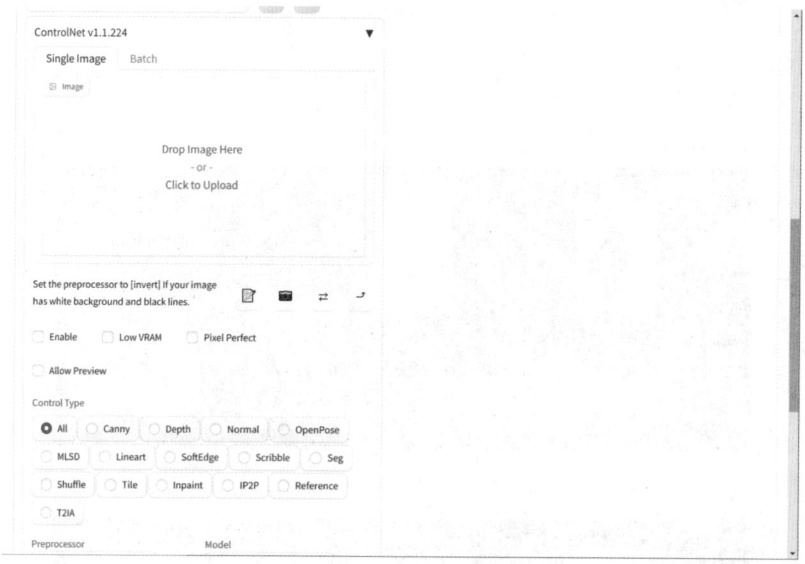

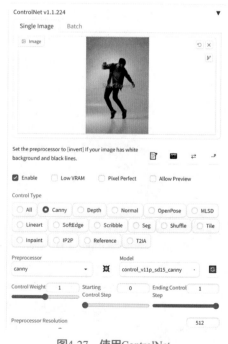

图4-26　ControlNet界面

表4-1　ControlNet常用的控制类型及说明

Preprocessor	ControlNet模型	功 能 描 述
canny	control_canny	边缘检测
depth	control_depth	深度估计
mlsd	control_mlsd	直线检测，更适合室内设计情况
openpose	control_openpose	提取人物骨骼姿势
openpose_hand	control_openpose	提取人物+手部骨骼姿势
scribble	control_scribble	提取线稿，类似Canny
segmentation	control_seg	语义分割图像
binary	control_scribble	提取黑白稿

2. 使用ControlNet

下面将从最常用的两个功能举例说明ControlNet的用法。在使用之前，要确保已经下载了Canny和Openpose两个对应的模型，文件名分别为control_v11p_sd15_canny.pth和control_v11p_sd15_openpose.pth，并将其放在stable-diffusion-webui/models/ControlNet目录下。

如图4-27所示，需要先勾选Enable复选框，确保开启了ControlNet功能，"Control Type"先选择Canny，确保Preprocessor和Model都设置为Canny后，上传一张图片。输入关键词后，单击生成，得到如图4-28所示的生成结果。ControlNet先从输入图片中提取边缘图片，再将边缘图片送给Stable Diffusion模型，并控制模型在边缘的约束上，根据提示词完成作画。由于边缘属于比较强的一类控制，因此生成图片和输入图片是十分相似的，唯一的区别在于纹理和背景。

下面展示利用OpenPose完成姿态控制。将控制类型选择为OpenPose，生成结果如图4-29所示。

除了身体关键点，OpenPose也可以提取脸部关键点或手部关键点，Preprocessor选择OpenPose Full，即可对包括脸部和手部的全身进行姿态控制。图4-30展示了提取全身关键点控制的结果。

图4-27　使用ControlNet

提示词

full-body, a young man, highlights in hair, dancing outside a restaurant, brown eyes, wearing jeans

ControlNet图片　　Canny边缘图片　　生成图片

图4-28　ControlNet Canny**使用示例**

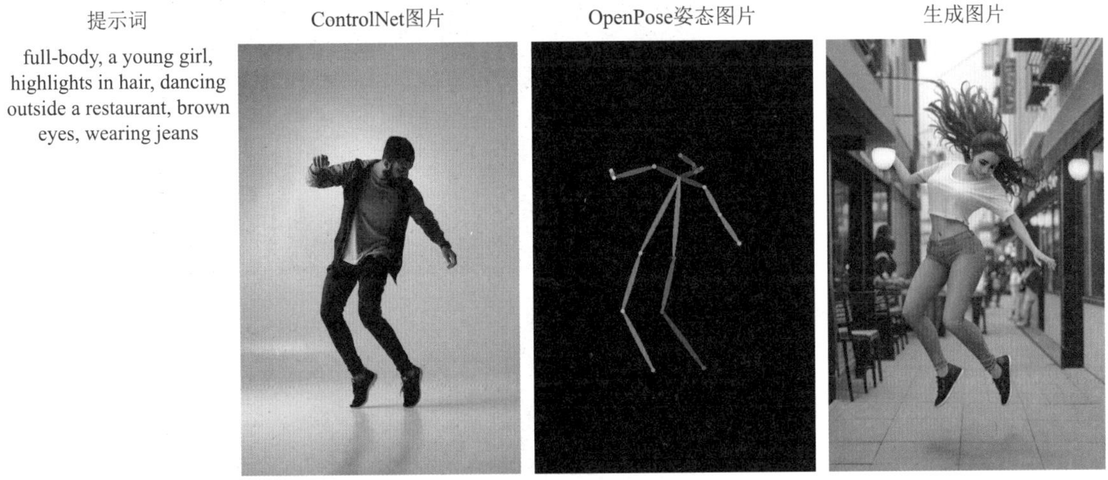

提示词

full-body, a young girl, highlights in hair, dancing outside a restaurant, brown eyes, wearing jeans

ControlNet图片　　OpenPose姿态图片　　生成图片

图4-29　ControlNet OpenPose**使用示例**

提示词

a young teenager

ControlNet图片　　OpenPose脸部+身体+手部　　生成图片

图4-30　ControlNet **脸部**+**身体**+**手部关键点**

　　ControlNet + OpenPose的另一个主要应用场景是生成多人图像。一般来讲通过文字描述空间关系比较难，因此输入多人的姿态站位图来精准控制多人之间的空间关系，能够很好地提高生成质量。表4-2输入了一张多人合照，利用这张多人合照提取姿态并生成图片，生成结果站位和输入图片一致。

表4-2　OpenPose多人姿态生成

提 示 词	a young teenager
输入图片	
姿态图	
生成图片	

4.2.2　中文插件

更习惯使用中文的用户可以选择安装中文插件，增加使用的便利性。此扩展可以在 Extension 选项卡里面通过加载官方插件列表直接安装。

按照图4-31所示单击Extensions按钮，选择Available选项卡，取消勾选localization复选框，再单击"Load from"按钮加载插件列表。

图4-31　中文插件安装步骤1

搜索"zh_CN"关键字，找到相关插件后单击Install按钮，如图4-32所示。

图4-32　中文插件安装步骤2

在Settings界面中，选择"User interface"选项，在最下方的Localization中找到"zh_CN"的选项，选中后依次单击顶端的"Apply Settings"和"Reload UI"两个按钮，如图4-33所示。

图4-33　中文插件安装步骤3

安装成功并重启UI后，就可以看到所有页面都变为中文了，如图4-34所示。

图4-34　Stable Diffusion中文插件页面

4.2.3 Deforum

Deforum具备文字生成图片或视频的功能，可以进一步实现瞬息全宇宙、AI平行世界等剪辑特效玩法。图4-35展示了Deforum插件的界面，安装方法和ControlNet类似，在GitHub搜索Deforum，或者直接输入指定URL[①]。

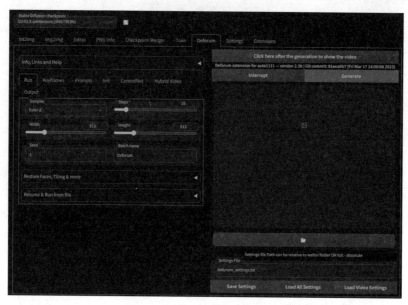

图4-35　Deforum插件界面展示

图4-36展示了Deforum连续生成的视频结果，最左侧的图像是输入图片，从左到右为时间顺序，运镜将以图中心的太阳朝左侧移动。

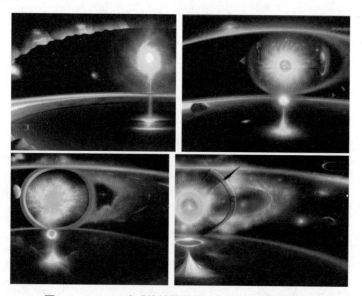

图4-36　Deforum生成连续的视频，从左到右为时间顺序

4.2.4 ADetailer

在生成人物时，一般对人物的脸部格外关注，希望生成的脸部能够尽量清晰并符合美感要求。然而在许多情况下，脸部在整个图像中所占的比例可能会很小，例如全身图、多人图等，这时候模型可能会生成比较

差的结果，如图4-37所示。

这种结果是像素限制导致的，当人脸的像素较小时，Stable Diffusion就会生成扭曲的人脸。解决这个问题的直接办法，就是增加像素，例如最直接的就是生成更大分辨率的图片，从原有的512×768升级到1024×1536。然而，这种方法会极大增加GPU的运算量，按照像素量计算，显存和时间可能要增加到4倍，因此这种简单粗暴的方法往往不适合所有人，特别是机器配置较差的用户。

那么如何只增加脸部的分辨率而保持其他部分分辨率不变呢？可以使用ADetailer插件。ADetailer插件的全称是After Detailer，意为生成之后再增加细节。这款插件可以对脸部、手部等细节进行检测，然后将检测区域内的小部分送入Stable Diffusion重新生成，相当于在原图的基础上进行细节修复。

和以上介绍的插件一样，可以选择从URL安装，输入地址[①]后单击"安装"按钮，如图4-38所示。

另一种方法是从可下载列表里面安装，如图4-39所示，在"扩展"页面中，选择加载扩展列表，"搜索"栏中输入"after detailer"，单击"安装"按钮即可。

图4-37　人脸占比较小时生成较差的结果

图4-38　从URL安装ADetailer插件

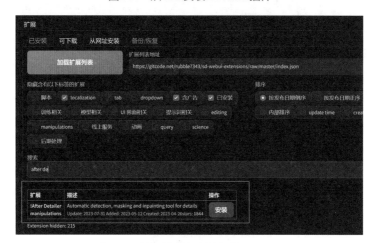

图4-39　从插件列表选择安装ADetailer

---

① https://github.com/Bing-su/adetailer.git

安装完成后，单击重新加载UI，在txt2img和img2img的界面下就可以找到ADetailer页面，如图4-40所示。需要勾选"Enable ADetailer"复选框来开启功能，然后选择对应的检测模型，一般默认选择"face_yolov8n.pt"，即脸部检测模型，除此之外，还可以选择手部模型和人物全身模型，这样修复的就不是脸部，而是对应的手部或全身部位。

图4-40　插件ADetailer使用方法

图4-41展示了利用ADetailer对脸部进行修复后的结果对比，左边是修复前的图片，右边是修复后的图片，两者只在脸部有所区别，其他的衣服和背景完全保持一致。修复后脸部变为正常脸。

使用前　　　　　　　　　　　　　使用ADetailer后

图4-41　使用ADetailer对脸部进行修复

4.2.5　Tagger

Stable Diffusion的txt2img功能是输入文本描述，产生对应的图片，那是否存在相反的功能，能从图片中反推出提示词呢？Tagger就是这样一款对图像进行打标签的插件。假如想复现一张类似的图片，或者想了解什么样的提示词能够产生这种图片，就可以使用Tagger对图片进行反推，得到一连串提示词。需要注意的是，Tagger对于动漫图片效果较好，真实场景下的效果会略差。

可以选择从URL安装，输入地址①后单击"安装"按钮。

———————————

① https://github.com/toriato/stable-diffusion-webui-wd14-tagger.git

另一种方法是从可下载列表里面安装，如图4-42所示，在"扩展"页面中，选择加载扩展列表，"搜索"栏中输入"tagger"，单击"安装"按钮即可。

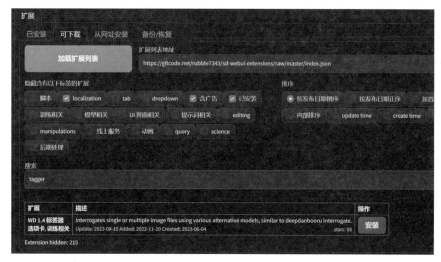

图4-42　从插件列表中选择安装Tagger

安装完成后，选择Tagger标签，直接在左侧上传想要反推的提示词即可，如图4-43所示。这里上传了一张两个女孩的动漫图片，上传完成后在右侧标签页显示了对应的标签。Tagger还会对每个标签打一个置信度分数，例如这里multiple_girls，2girls标签置信度就高达99%，意味着这两个标签是十分可信的。之所以要设定置信度，是因为AI自动识别的标签结果并不是100%可信的，有可能会出现误判，因此用户可以根据自己的需求，选择置信度较高的结果，以保证结果可信。

图4-43　Tagger反推提示词的使用方法

表4-3中详细展示了该图片反推提示词的结果。

表4-3　Tagger反推提示词结果

图　　片	反推提示词
	multiple girls, 2girls, kirisame marisa, hakurei reimu, bow, hat, open mouth, blonde hair, detached sleeves, ascot, witch hat, hair tubes, hair bow, microphone, holding, long hair, smile, brown hair, looking at viewer, holding microphone, black headwear, yellow eyes, wide sleeves, red bow, white bow, short sleeves, braid, frills, upper body, puffy sleeves, bangs, ribbon-trimmed sleeves, shirt, hair between eyes, bare shoulders, frilled shirt collar, frilled bow, yellow ascot, red eyes, :d, hat bow, :o, ribbon trim, long sleeves, puffy short sleeves, sidelocks, vest, single braid, black vest, blush, white shirt, red skirt, dress, petals, side braid, sleeveless, breasts

4.3
训练自己的模型

当开源模型无法满足需求时，用户可能就需要训练自己的定制模型。例如当对应的场景是一个比较垂直的领域，需要生成特定的游戏IP人物。对应开源模型的三种种类，也可以分别训练Stable Diffusion基础模型、LoRA模型或者Textual Inversion模型，选择哪一种取决于自身的需求。假如要训练一个较好的模型用于辅助室内设计，并且积累了千张及以上训练图片，可以选择训练基础模型；假如想要对特定的风格、人物建模，例如生成皮卡丘或者公司吉祥物，并且只有几十张有限的图片，可以选择训练LoRA模型，训练难度和成本都显著更低。从由易到难的角度来说，建议读者先尝试训练LoRA模型，再尝试训练基础模型，Textual Inversion表达能力过差，运用得不太广泛，这里不再赘述。

4.3.1　训练 LoRA 模型

LoRA的全称是LoRA: Low-Rank Adaptation of Large Language Models，可以理解为Stable Diffusion（SD）模型的一种插件。它可以在不修改SD模型的前提下，利用少量数据训练出一种画风/IP/人物，实现垂直领域的定制化需求，所需的训练资源比训练SD模要小很多，非常适合社区使用者和个人开发者。LoRA最初应用于NLP领域，用于微调GPT-3等模型（也就是ChatGPT的前身）。由于GPT参数量超过千亿，训练成本太高，因此LoRA采用了一个办法——仅训练低秩矩阵（Low Rank Matrix），使用时将LoRA模型的参数注入（Inject）SD模型，从而改变SD模型的生成风格，或者为SD模型添加新的人物/IP。

1. 训练工具安装

登录网址[①]，根据各自的系统，按照说明，安装训练软件kohya_ss。Windows用户双击setup.bat安装，Linux用户用同样的命令行方式运行setup.sh安装。安装完成后Windows用户单击gui.bat启动，Linux用户单击gui.sh启动。启动后会弹出如图4-44所示界面，默认地址一般为127.0.0.1:7860，复制到浏览器中打开，可以看到图4-45所示的主界面。

2. 准备图片

假设用户想将自己的形象加入模型中，首先需要进行数据收集，将自己的照片作为训练数据；又或者用

---

① https://github.com/bmaltais/kohya_ss

户希望训练一种独特画风的模型，那也需要收集若干张该画风的图片。一般要收集30张以上的图片，图片最好具有多样性。注意，数据准备的质量决定了最终模型的效果，如果喂给模型的图是低质量的图，那么模型生成的图也是低质量的图，所以应尽量保证图片清晰、分辨率较高、无遮挡。

图4-44 启动训练工具kohya_ss，复制URL地址到浏览器打开

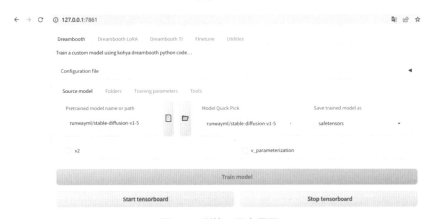

图4-45 训练工程主界面

下面的例子是训练一个室内装修设计的垂直领域模型，收集30张室内装修图片，保持主题尽量一致，如图4-46所示。

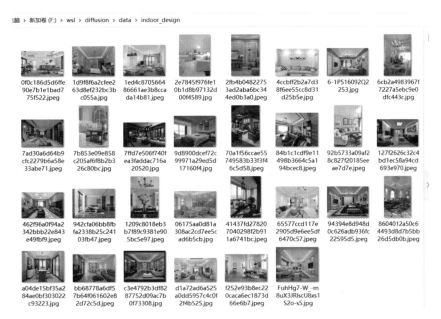

图4-46 收集30张室内装修图片作为训练LoRA的素材

3. 标注图片

训练模型不仅需要图片，还需要一段描述图像内容的文字，因此需要为每一张图片配上英文的文字描述。首先来看看官方训练模型时，所采用的标注是什么样的。图4-47展示了官方模型所用的训练集的文字标签，如果要训练模型，那么图像的标签应该与其保持一致。

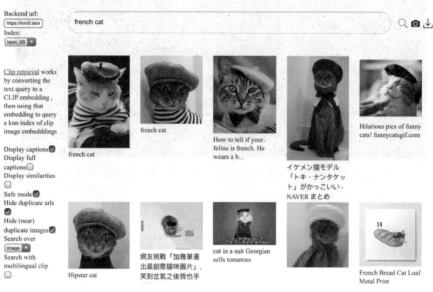

图4-47　Stable Diffusion官方模型所用的训练集LAION-5B的文字标签

用户可以选择手动标注图像，也可以选择利用AI模型进行自动标注，图4-48展示了利用BLIP模型对图像进行自动标注的过程。将训练工具切换到Utilities页面，选择Captioning选项，Caption的中文翻译就是图片描述，再选择BLIP Captioning选项卡，输入之前准备的图片路径。通过Prefix可以手动添加描述触发词Trigger Word，这里将触发词定为"indoor design"。准备完成后，单击Caption images按钮。

图4-48　利用BLIP对图像进行自动标注

表4-4展示了BLIP自动标注的结果，前面indoor design是手动添加的触发词，后面是一段完整的话描述图像的内容，"a living room with a couch, chair, ottoman and a chandelier"意思是配有沙发、椅子、脚凳和枝形吊灯的客厅，非常符合图片的内容。可以看到BLIP作为AI模型自动识别图像内容还是比较准确的，可以省去很多人工标注的成本。

将所有图片都标注完后，每张图片应该会像图4-49展示的一样对应生成一个txt文件。

表4-4 自动标注的结果

图 片	自动标注结果
	indoor design a living room with a couch, chair, ottoman and a chandelier
	indoor design a living room with a couch, table and chairs

00000-0-061 75aa0d81a3 08ac2cd7ee5 cad6b5cb.p...

00000-0-061 75aa0d81a3 08ac2cd7ee5 cad6b5cb.txt

00001-0-0f0 c186d5d6ffe 90e7b1e1ba d775f522...

00001-0-0f0 c186d5d6ffe 90e7b1e1ba d775f522.txt

00002-0-120 9c8018eb3b 7f89c9381e9 05bc5e97.p...

00002-0-120 9c8018eb3b 7f89c9381e9 05bc5e97.txt

00003-0-127 f2626c32c4b d1ec58a94cd 693e970.png

00003-0-127 f2626c32c4b d1ec58a94cd 693e970.txt

00004-0-1d9 f8f6a2cfee26 3d8ef232bc3 bc055a.png

00004-0-1d9 f8f6a2cfee26 3d8ef232bc3 bc055a.txt

00005-0-1ed 4c87056648 6661ae3b8cc ada14b81.p...

00005-0-1ed 4c87056648 6661ae3b8cc ada14b81.txt

00006-0-2e7 845f976fe10 b1d8b97132 d00f4589.p...

00006-0-2e7 845f976fe10 b1d8b97132 d00f4589.txt

00007-0-2fb 4b04822753 ad2aba6bc3 44ed0b3a0...

00007-0-2fb 4b04822753 ad2aba6bc3 44ed0b3a0...

00008-0-414 37fd2782070 40298f2b911 a6741bc.png

00008-0-414 37fd2782070 40298f2b911 a6741bc.txt

00009-0-462 f96a0f94a23 42bbb22e84 3e49fbf9.png

00009-0-462 f96a0f94a23 42bbb22e84 3e49fbf9.txt

00010-0-4cc bff2b2a7d38 f6ee55cc8d3 1d25b5e.png

00010-0-4cc bff2b2a7d38 f6ee55cc8d3 1d25b5e.txt

00011-0-6-1 P516092Q22 53.png

00011-0-6-1 P516092Q22 53.txt

00012-0-655 77ccd117e29 05d9e6ee5df 6470c57.png

00012-0-655 77ccd117e29 05d9e6ee5df 6470c57.txt

00013-0-6cb 2a498396f7 227a5ebc9e0 dfc443c.png

00013-0-6cb 2a498396f7 227a5ebc9e0 dfc443c.txt

00014-0-70a 1f56ccae557 49583b33f3f 46c5d58.png

00014-0-70a 1f56ccae557 49583b33f3f 46c5d58.txt

00015-0-7ad 30a6d64b9cf c2279b6a58e 33abe71.png

00015-0-7ad 30a6d64b9cf c2279b6a58e 33abe71.txt

图4-49 利用BLIP自动标注图片

4. 开始训练

数据准备完成后，就可以开始训练LoRA模型了。图4-50所示中选择Dreambooth LoRA页面，Model Quick Pick选择custom，将基础模型的路径填写到Pretrained model一栏中。之前提到过，LoRA并不是一个独立模型，而是依赖于基础模型。因此在训练时，必须指定一个基础模型，这里直接从Stable Diffusion的目录中找到其中一个基础模型并填入。

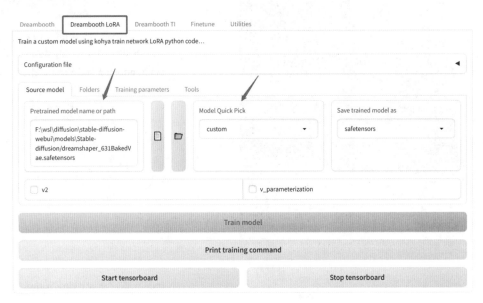

图4-50　开始训练LoRA模型，选择基础模型

接着需要将之前准备好的图像路径也输入，图4-51所示中切换到Folders目录，将之前准备好的标注图片路径填入Image Folder一项中。注意，这个路径下，应该有一个格式为"数字_XXX"的文件夹，如图4-52所示，如果原名字为indoor_design_labeled，可以重命名为10_indoor_design_labeled，10代表该文件夹下的图片会重复10遍，以弥补图像过少的问题。

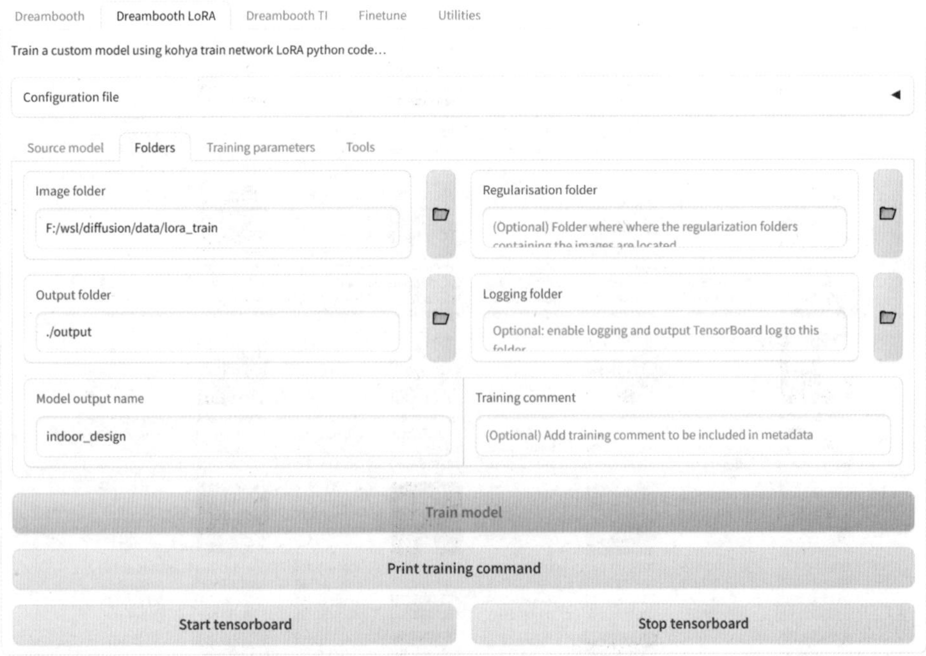

图4-51　开始训练LoRA模型，选择输入图片和输出路径

图4-52　LoRA训练集的结构，将indoor_design_labeled重命名为10_indoor_design_labeled

接下来按照图4-53，切换到Training Parameters页面，指定训练时的参数。读者要格外注意的是Epoch和Caption Extension两个参数，Epoch代表图像会重复训练多少遍。以之前准备的30张图片为例，将Epoch设定为10代表30张图片会重复训练10遍，换算成步数Steps也就是300步，推荐读者选择1000步以上。另外Caption Extension代表了之前数据标注的格式，之前将标注结果保存为.txt文件，所以在这里要将Caption Extension修改为.txt格式，否则按照默认程序因为会找不到标注文件而报错。

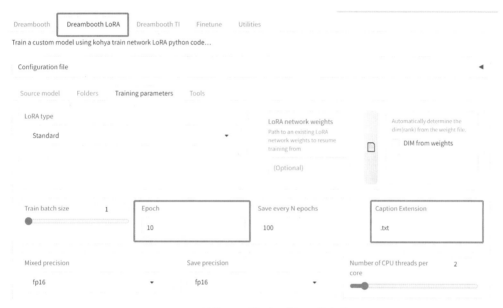

图4-53　训练LoRA模型，选择训练参数

在一切准备妥当后，单击Train按钮，在控制台中可以看到训练进度，如图4-54所示。训练完成后，会在之前指定的输出路径中生成safetensors文件，即LoRA模型。将LoRA模型移动到Stable Diffusion软件的目录下，即可使用训练好的LoRA模型。

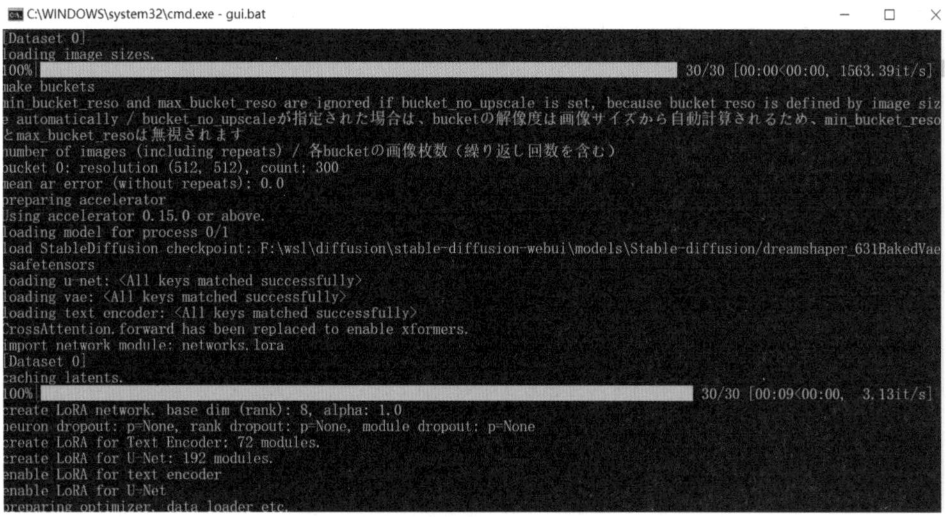

图4-54　开始LoRA训练过程

5. 训练参数解释

下面介绍一些常用的训练参数，读者可以自行调整。

- Epoch：训练的轮次，代表训练过程中网络过所有数据的次数。数值越大训练越充分，训练时间越久。该项参数一般需要经常调整，过短的训练周期模型无法充分学习，过长的训练周期模型可能会过拟合训练图片，从而忘记其他的内容，泛化性变差。
- Batch Size：在每次迭代时，同时学习的样本数，数值越大所需的显存越大。
- Learning Rate：训练时模型的学习率，数值太小学习速度会很慢，太大则可能直接震荡导致网络训练失败。
- Mixed Precision：混合精度类型，默认为FP16，如果经常溢出可以选择表示更稳定的BF16，一般不需要调整。
- LR Scheduler：学习率下降所遵循的策略，学习率会按照一定策略逐步下降，直到收敛，一般不需要调整。
- Optimizer：训练时所采用的优化器，该训练工程默认使用AdamW8bit，如果有条件可以选择尝试AdamW或其他优化器。
- Max resolution：训练时输入图像的分辨率，默认为512×512。假如训练图像是长条形的，建议设置为512×768，分辨率越大，所需的显存也越大。
- Network Rank（dimension）：LoRA网络的维度，默认为8，可以调整为8的倍数，例如8、16、32、64。该项参数是训练LoRA模型中一个比较重要的参数，关系到LoRA模型的大小，数值越大，LoRA模型也会越大。当该数值设置为8时，训练生成的LoRA模型只有8MB左右。LoRA模型越大，表达能力也越强，如果发现最终效果难以复制训练数据的风格或者细节，可以尝试增大LoRA模型。

4.3.2　训练基础模型

LoRA模型受限于图片数量和模型大小，通常无法涵盖较多的内容。假如有大量图片，并且想要训练一个垂直领域的通用模型，可能就要训练基础模型了，例如训练一个通用的漫画模型。

训练过程同样可以选择kohya_ss，准备数据步骤和训练LoRA时完全一致。需要注意的是，训练基础模型最好准备更多的图片，例如几千至上万张，甚至百万或千万张图片。图4-55所示中选择Finetune标签页，接下来的步骤和训练LoRA模型完全一致，依次配置预训练模型路径，配置训练图片的路径，以及训练参数。建议在服务器和专业GPU上运行，例如V100和A100，多卡训练能够减少训练时间。根据笔者个人经验，10万张图片训练50万步，需要8张A100运行30小时左右。

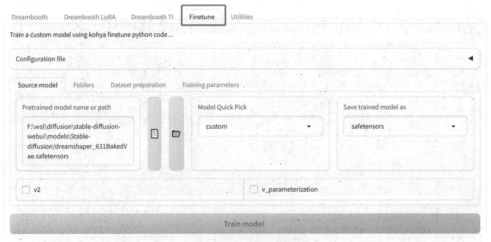

图4-55　训练基础模型

假如读者有更多的程序经验基础，可以选择Huggingface提供的Diffusers作为训练框架。

4.4
Midjourney 进阶用法

本节将介绍一些Midjourney的高级用法，包括镜头控制、光照控制，还有实现换脸功能。镜头控制和光照控制可以通过添加对应的提示词来实现，换脸功能则需要借助Discord上另一个应用InsightFaceSwap。

4.4.1 镜头控制

这里的镜头控制指的是实现一些和镜头相关的构图技巧，最终达到类似摄影的效果。如图4-56所示，加入镜头提示词后，分别展现了短曝光、长曝光、双重曝光和快门速度1/2的效果。

Short Exposure （短曝光）

Long Exposure （长曝光）

Double-Exposure（双重曝光）

Shutter Speed 1/2 （快门速度1/2）

图4-56 Midjourney镜头控制曝光效果

图4-57展示了生成无人机视角的俯视视角和Go Pro类似的鱼眼镜头视角。

Drone Photography（无人机视角）　　　　　　　　　Go Pro Video （Go Pro鱼眼镜头视角）

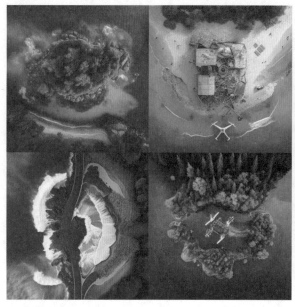

图4-57　Midjourney镜头控制之视角

4.4.2　光照控制

光照控制对于构图来讲是十分重要的，通过提示词，一样可以在生成的时候产生对应的光照效果。图4-58演示了利用关键词产生立体灯光和黄昏灯光的效果。

Volumetric Lighting （立体灯光）　　　　　　　　　Crepuscular （黄昏灯光）

图4-58　Midjourney光照控制效果

图4-59演示了产生阴暗灯光的效果。

Moody Lighting（阴暗灯光）　　　　　　　　Low-Key Lighting（低调光）

图4-59　Midjourney光照控制之阴暗灯光

4.4.3　换脸

利用InsightFace开发的一款Discord bot，可以在Midjourney生成完图像之后，完成换脸功能，使生成的图像变成想要的人脸模样。

01 首先需要按照图4-60所示将聊天机器人InsightFace邀请至创建的频道中。

02 然后按照图4-61所示上传一张人脸照片并使用"/saveid"命令来保存ID名字，例如这里上传一张蒙娜丽莎的图片，并将其命名为mnls。

03 接着，按照图4-62所示右击用Midjourney生成的图片，在弹出的快捷菜单中选择Apps-INSwapper选项。

04 最终的换脸结果如图4-63所示，由Midjourney生成的图片变成了蒙娜丽莎的脸，并且完美融合进效果当中，脸部的彩色光影也得到了保留。

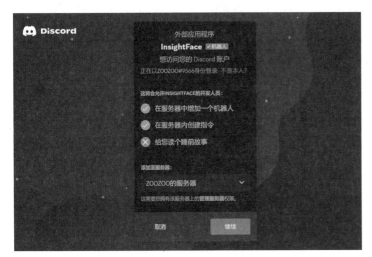

图4-60　邀请InsightFace至个人的Discord频道　　　　图4-61　换脸功能之保存ID名字

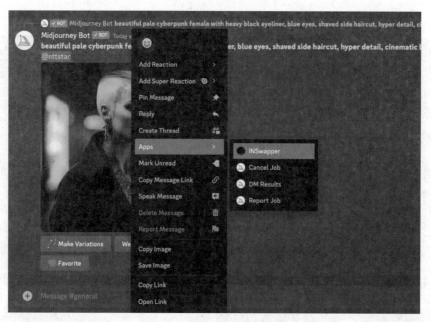

图4-62　换脸功能之开始换脸

图4-63　换脸功能之最后换脸结果

4.5
本章小结

　　本章介绍了Stable Diffusion和Midjourney的一些高级用法，借助这些功能，用户可以完成更复杂的定制需求。4.1节介绍了开源模型的使用方法，包括三种模型类型——基础模型、LoRA模型和Textural Inversion模型；4.2节介绍了开源插件的使用方法，用ControlNet增强结果的可控性，用中文插件提高软件的易用性，用Deform完成文生视频的功能，用ADetailers对脸部进行修复，用Tagger对图片进行提示词反推；4.3节介绍了训练自己定制模型的方法，包括训练轻量级的LoRA模型，以及大体量的基础模型；4.4节介绍了Midjourney使用特定的提示词来达到想要的生成效果。

第 5 章 ———
应用案例精讲

AI绘画作为一项新事物，正在迅速发展。无论是艺术创作、设计领域还是其他行业，尽管AI绘画的最终形态尚不清楚，但可以预见它将成为不同领域提高效率的重要工具。随着技术的进一步发展和应用场景的不断扩展，AI绘画将会为各行各业带来更多的创新和机遇。无论是艺术家、设计师、电商还是自媒体作者，都有机会通过与AI绘画技术的结合，创作出令人惊叹的作品。本章将重点围绕当前一些主要的应用场景，介绍AI绘画在创作过程中的实践案例，希望能让读者有所启发。

5.1 头像的制作

社交媒体中，头像是个人形象的重要展示窗口，一个美观、独特、个性化的头像往往能够吸引人们的目光。在设计头像的过程中，可将这三个特性作为目标来打造一个令人惊艳的头像。

头像制作过程需要从多个方面进行调整，才能达到美观、独特、兼具个性的效果。在AI绘画中，可以通过控制风格、脸型、五官、表情、配饰服饰、背景等多个因素来实现这一目标。

接下来将按照创作头像的一般流程，详细阐述绘制头像的步骤与技巧，希望能为读者提供一些借鉴与启示。在应用过程中，读者可斟酌其中的灵感，开拓创意，以创作出独具匠心的头像作品。

5.1.1 确立主题

主题就是画面所要表达的内容、所要传达的主旨。主题可以通过广泛的思考和选择来确立，灵感可以来源于生活中的点点滴滴。例如可以从自己的兴趣爱好、职业身份、个人特点以及一些热点题材入手，提取出需要表达的主题，传达属于自己独有的风格和特色，如图5-1所示。

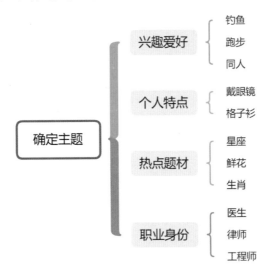

图5-1　确立主题时的思考框架

选择一个与自身特点相关的主题，不仅可以增加头像的个性化，更能够吸引其他人的注意。

下面来看一个案例，预设主题为一位手捧鲜花的女性程序员的头像，初始的提示词如下。

a young girl,hold flowers,black-framed glasses,

a mysterious programmer,

sunny and cheerful

5.1.2 围绕主题、基于框架进行联想

使用AI绘画技术生成头像需要围绕主题进行发散思考。提示词的写作框架在第3章已经介绍，可以基于这一框架进行思考。将框架的各部分按照整体到局部的顺序重新排列之后，结果如表5-1所示。

表5-1 按照框架进行联想

框 架 部 分	联 想
艺术风格	通过浏览一些画风参考，确定一种独特的艺术风格
画面质量	大多数情况下，使用关键词强调画面质量
环境	应该使用什么样的环境来衬托主题
构图	人物的朝向如何 姿态和镜头 人物在画面中的占比，是大头像还是上半身
主体	人物的外貌（体形、五官、表情、发型等） 有什么表现人物特性的服饰、配饰 什么样姿势、肢体动作会更引人注目
画面效果	根据需要添加效果，不一定需要

5.1.3 艺术风格的确立

如果读者很熟悉各类艺术画风，对各种类型的画风表现效果了如指掌，可以结合主题直接确立风格；如果只是想做某一类特殊画风的头像，那么也可以直接确定画风的提示词。

在大多数情况下，并不能马上确定什么样的艺术风格适合自己，这时可以通过浏览的方式来寻找匹配的风格。不同的风格都有着独特的历史背景和文化内涵，呈现出不同的情感和内容。艺术风格可让头像更加贴近主题，更好地传达出所要表达的信息。

控制画风主要有5种方式：指定媒介、指定艺术风格名称、指定艺术家名字、指定绘画技法以及使用特定画风小模型。

在初始设定的提示词前面添加艺术风格词汇。

艺术风格词汇，　　注：可通()、[]符号来控制强弱

a young girl,

hold flowers,

black-framed glasses,

a mysterious programmer,

sunny and cheerful

图5-2所示是添加不同艺术风格提示词后得到的多组结果。

风格提示词	示例图片	风格提示词	示例图片	风格提示词	示例图片
Pixel art（像素艺术）		Realistic（真实）		Sketch art, pencils（铅笔）	
Watercolor（水彩）		Flat color（平涂）		Heavy contrast（高对比度）	
Crayon painting（蜡笔画）		Charcoal sketch（铅笔画）		Oil painting（油画）	
Impressionism（印象派）		Minimalism（极简主义）		Fauvism（野兽派）	
William Dyce（威廉·戴斯）		Joe Fenton（乔治·芬顿）		Alphonse Mucha（阿尔丰斯·穆夏）	
Tsutomu Nihei（贰瓶勉）		Cuno Amiet（库诺·阿米耶）		Paul Hedley（保罗·赫德利）	
Yuko Shimizu（清水裕子）		Yayoi Kusama（草间弥生）		Katsuhiro Otomo（大友克洋）	

图5-2　在基础设定上添加艺术风格提示词的效果

通过批量跑出基础设定叠加多种艺术画风的图片后，可以从众多艺术风格不同的图片中，挑选想要的画风。这里以上文所述的主题为基础，选择平涂+水彩风格，这种风格的头像看起来生动而有趣，表达出清新、神秘、活泼、阳光和职业的特点。此时的提示词如下。

```
flat color,
[[watercolor]],
portrait,
a young girl,
((hold flowers)),computer,
black-framed glasses,
a mysterious programmer,
sunny and cheerful
```

生成的结果如图5-3所示。

图5-3　艺术风格：平涂+轻微水墨

5.1.4　背景环境设定

背景的分类大体上如表5-2所示，可根据角色设定选择合适的背景。为表达简洁、干练、专业的形象，此处案例选择纯色风格。

表5-2　不同类型背景的表达特性

背 景 类 型	表 达 特 性
纯色背景	纯色表达情感，专注于角色本身，同时传达出简洁、干净和专业的形象
渐变背景	两种或多种颜色的渐变，可以增加视觉效果，展示时尚、活力和现代感
抽象背景	如几何图案、线条、波纹等，可以表达出角色的艺术气质、创意和个性
自然背景	如森林、海滩、山脉等，可以展示角色的户外兴趣、环保意识和亲近自然的特点
城市背景	如摩天大楼、街道、地标建筑等，可以展现角色的都市风格、现代感和地域特色
室内背景	如办公室、书房、咖啡厅等，可以表达角色的职业生活、兴趣和日常环境
历史背景	如古代建筑、文化遗迹等，可以展示角色的历史底蕴、文化传承和教育背景
幻想背景	如星空、梦幻世界、虚拟现实等，可以表现角色的想象力、创意和探索精神

5.1.5　人物姿态动作及镜头视角

对于头像而言，姿态动作主要包括头部动作以及手部动作，头部的姿态常见的就几种，例如抬头、低头、偏头、扭头等，如图5-4所示；手部的姿态则有很多种，例如托住下巴做出思考状、比出V形手势、扶眼镜、整理头发、指尖点下嘴唇等，如图5-5所示。这些动作都能潜移默化地刻画出人物的性格及心理活动。

背对镜头含蓄而神秘，转头回眸风情万种。不同的镜头语言有不同的表现力，能够将人物的情感立体化，画面的层次感也更丰富。

风格提示词	示例图片	风格提示词	示例图片	风格提示词	示例图片
Looking straight ahead（看着前方）		Profile（侧面）		Head turn back（头转回来）	
Back shot（背影）		Covering ears（盖着耳朵）		Shushing gesture（嘘声手势）	

图5-4 头像视角控制

风格提示词	示例图片	风格提示词	示例图片	风格提示词	示例图片
Looking up（抬头）		Looking down（低头）		Tilting head（歪着头）	
Lifting chin（托着下巴）		Covering ears（盖着耳朵）		Shushing gesture（嘘声手势）	

图5-5 头部姿态动作控制

当前AI绘画模型尚未完善，另外有些特殊动作使用描述词是无法精细刻画出来的，随机性很强，这时候可以使用ControlNet插件来进行干预，具体的内容在第4章已有提及，此处不做赘述。

此处的案例为常用的正面姿态，动作则为手捧着花。

5.1.6 人物的塑造

1. 发型及脸型

在第3章中详细介绍了各种发型和脸形的提示词，可在样例中挑选一种来塑造人物的形象。此处选择瓜子脸+侧马尾，结合前面几个小节，人物的大体特征基本都确定了，提示词如下。

```
((flat color)), [[watercolor]],
portrait,a young girl,
((side-pony)),white hair,
light blue eye, (((closed eyes:1.6))), white pupil,
smile,
((hold flowers)),
black-framed glasses,a mysterious programmer,sunny and cheerful
```

生成的头像结果如图5-6所示。

图5-6　设置好背景及基本外貌的头像

2. 脸部表情管理

好的表情表现需要五官形态的配合，在AI绘画中，可简单控制表情，但配合五官的形态，则会使整体更为立体。可参考表5-3所示进行表情设置。

表5-3　表情的含义及表现特征

表　情	情　　绪	五官特征
笑脸	开心、快乐、愉悦	嘴角上扬或眼睛眯成一条线
悲伤	悲伤、哀愁、失落	眼泪、嘴角向下
愤怒	愤怒、生气、不满	紧咬牙关、皱眉、眼神怒视
恐惧	害怕、惊恐、紧张	瞪大眼睛、嘴巴张开、全身发抖
惊讶	惊讶、震惊、意外	瞪大眼睛、张大嘴巴、眉毛向上
羞涩	害羞、不好意思、紧张	低头、嘴角微微上扬、脸颊微红
疲惫	疲倦、无力、困乏	眼睛无神、嘴巴微微张开、眼袋厚重
轻松	轻松、安逸、舒适	嘴角上扬、眼神温和
冷漠	冷淡、漠视、不在意	面无表情、眼神空洞
调皮	顽皮、淘气、好玩	眼睛眯成一条线、嘴巴向上弯
轻蔑	轻视、不屑、嘲讽	嘴角向下、眉头紧皱
自信	自信、坚定、果敢	嘴巴微微上扬、目光看向远方

● 眼睛的刻画

根据需要，可对眼部进行一些细节的刻画，细节包括眼睛的大小、形状、状态、瞳孔、睫毛、眼袋和眼影等。这里使用Stable Diffusion软件中的Inpaint功能来对脸部的细节进行调整，效果如图5-7所示。

原图眼部添加蒙版　　　　　　重新生成的眼睛　　　　　　增加一点长睫毛

图5-7　通过Inpaint局部重绘功能对眼部进行精细刻画

将图片拖入Stable Diffusion软件中的Inpaint界面中，随后调整笔触大小，将眼部涂上蒙版，需要注意的是，此时需要更改提示词，只放入能影响眼部特征的描述词，否则其他已有的词汇会对眼部特征造成干扰。

```
light blue eye , ((long eyelashes:1.8)),white pupil
```

● 鼻子的刻画

鼻子可以从以下细节进行刻画：形状、大小、高低和纹理等。

使用上一步生成的图片，继续进行鼻子细节的刻画，同样使用Stable Diffusion中的Inpaint功能，对鼻子进行重绘，效果如图5-8所示。

鼻子加上蒙版　　　　　鼻形1　　　　　鼻形2

图5-8　通过Inpaint局部重绘功能对鼻子进行精细刻画

同样需要强调的是，此时使用的提示词要尽量简洁，可以保留鼻子周围要素的设定，过多的词会产生干扰。

```
light blue eye,(((hooked nose:1.6))),white pupil
```

● 嘴巴的描绘

嘴巴最能体现出角色的表情，可考虑的细节包括嘴形、嘴唇、牙齿和嘴巴周围的细节等。

使用同样的方法，继续描绘控制嘴巴的细节。此处使用的提示词如下。

```
((shark mouth:1.1)) 或者 frown
```

生成效果如图5-9所示。

嘴部加上蒙版　　　　　张开嘴　　　　　不高兴

图5-9　通过Inpaint局部重绘嘴部

5.1.7　服装和配饰的选择

1.服装的控制

在第3章中，已对服装的类型及关键词进行过详细的介绍。在进行头像的制作时，需要根据角色设定和想要表达的氛围选择合适的服装类型。同时，还可以尝试结合多种风格，创作出独特的视觉效果。

考虑到角色的职业特性，这里选用高领白色毛衣+黑色外套来塑造人物工程师的外在形象。此处的工作流程分为两步，首先是生成白色高领毛衣，在此基础上，再让角色穿上黑色长外套。

选择上一步生成的图片，再次使用Inpaint功能，绘制蒙版盖住衣服的部分。生成效果如图5-10所示。

蒙版盖住衣服的部分　　　　　　　　　　换装结果

图5-10　通过Inpaint换上衣服

在使用Inpaint绘制的过程中，部分头发特征可能会消失，不过没关系，原本随机出来的特征并不影响整体的设计。考虑到衣服的面积较大，为了保持整体画风的一致性，此处需要添加上此前画风的描述以及人物的描述，这样才能保证整体的画风不会出现偏差。

((flat color)), [[watercolor]] ,a young girl,

(((white turtleneck:1.2)))

接下来，需要在毛衣的基础上面添加一件黑色外套，此时需要在提示词的设置上使用一点技巧。

((black coat:1.2)),

(((white turtleneck:1.2)))

生成效果如图5-11所示。

外套部分添加蒙版　　　　　　　添加上外套　　　　　　　调整人物位置

图5-11　通过Inpaint局部重绘功能穿上外套

用Inpaint中的笔触勾勒出外套的蒙版，然后在提示词中需要同时加上高领毛衣+黑色外套的描述词，否则这两件衣服将无法自然地组合在一起。

在进行局部重绘时，提示词的设置是有一定技巧的，要设法让AI知道在局部重绘什么。在某些场合下，如果放置过多词汇，会形成相互干扰，此时要做减法（如五官、物品等独立个体的描绘）；而在某些场合下，特别是物体与物体相互交融的地方，则需要组合多个词汇，以便AI能准确理解蒙版区域的一些环境信息，此时需要做加法。

第三张图涂抹手部，重绘了花束，调整了头像的位置，此时人物形象已较为完整。

2. 配饰的选择

配饰的选择和搭配可以根据角色的设定和想要表达的氛围来进行。同时，不同的配饰搭配在一起也可以创作出独特的视觉效果。要注意过多的配饰可能会让头像显得杂乱无章，而适当的配饰则能够为角色增色添彩，展现出丰富的个性特点。常见的配饰分类有帽子、眼镜、首饰、围巾、手提物品、挂饰和腕表等，可以结合角色特点进行选择添加。

这里的案例为人物添加耳坠和项链，增加一些俏皮和优雅的感觉。仍旧是采用Inpaint局部重绘的功能。由于项链附着在毛衣上，此处需添加上高领毛衣的描述词。

```
((star necklace:1.5)),
((star earrings:1.3)),
(((white turtleneck:1.2)))
```

生成效果如图5-12所示。

在配饰位置上添加蒙版　　　　　　　添加耳环　　　　　　　添加项链

图5-12　为人物添加配饰

这样就得到了头像设计的终稿，如图5-13所示。

图5-13　头像设计终稿

5.2
绘制真实感的照片

AI绘画的一个很流行的应用是用来生成逼真的照片，这些照片看起来就像相机拍摄的一样真实。人们热衷于制作这种极具真实感的图片，分享在社交平台上，以达到以假乱真的效果。本节将介绍生成照片风格图像的方法，从提示词、模型、放大算法等方面来加以说明。

5.2.1 提示词

使用提示词是生成真实感照片的方式之一，本节通过逐步地丰富提示词，可以看到提示词对结果的巨大影响。先从一个简单的提示词开始，如"一个坐在图书馆里面的女孩"。这里使用Dream Shaper模型，英文的提示词如下。

```
a girl, siting, in the library
```

图5-14所示是一些生成结果。

图5-14　简单提示词的效果

1. 负向提示词

简单提示词生成的画面看起来比较朴素，接下来可以加入反向提示词，去除掉可能影响画面的东西。

```
disfigured, ugly, bad, immature, cartoon, anime, 3d, painting, b&w
```

图5-15所示是一些生成效果。

可以看到，加入负向提示词后，效果好多了，瑕疵也减少了，人物的姿态和动作自然了许多。

图5-15 加入反向提示词的画面效果

2. 照明相关的提示词

在真人摄像工作中，很大一部分工作是设置良好的照明。一张真实感的照片需要有光线感。因此，接下来添加一些照明关键词和一些控制视角的关键词。

```
a girl, siting, in the library,
rim lighting, studio lighting, looking at the camera
```

图5-16所示是一些生成效果。

可以看到，照片立刻变得立体和生动起来。有时可能会出现人体结构不太正确的问题，不过还是有很多方法可以修复它们，在后面的小节中会进一步讲解。

3. 画面质量参数

诸如dslr、ultra quality、8K、UHD这些描述画面质量的关键词能够有效地提高摄影画面的质量。

```
dslr,ultra quality,8K,UHD,
a girl, siting, in the library,
rim lighting, studio lighting, looking at the camera
```

图5-17所示是一些生成效果。

4. 面部细节

有一些关键词可以作为描述眼睛和皮肤的特效词，这些关键词有助于塑造更逼真的人脸。

```
dslr,ultra quality,8K,UHD,
a girl, siting, in the library,
highly detailed glossy eyes, high detailed skin, skin pores,
rim lighting, studio lighting, looking at the camera
```

图5-18所示是一些生成效果。

图5-16　增添光照关键词效果

图5-17　强调画面质量后的效果

图5-18 增加面部描述词效果

可以看到，添加面部描述词后，人物开始变得富有感情起来，相比之前，样貌变得漂亮和灵动了许多。

5. 修复缺陷

以AI绘画目前的发展水平，很难一次就生成令人满意的图片，每张图片都或多或少会有一些小缺陷（例如手指数目不对、手臂扭曲等），所幸的是重新生成图像局部区域是相当容易的，只需要使用Inpaint功能即可。

如图5-19所示整体看起来不错，只是手臂变形了。要修复它，首先单击"发送以修复"按钮，将图像和参数发送到img2img选项卡的局部重绘部分。

图5-19 手部存在些许瑕疵的图像

保留原图的提示词，同时在img2img选项卡的修复画布中，在有问题的区域上绘制一个遮罩，如图5-20所示。

图5-20　遮罩住有问题的部分

单击"确定"按钮，便可进行局部重绘。这是一个随机的过程，生成效果有好有坏，但总会出现一些效果改善的图片，如果没有，可以再次单击"生成"按钮。如果出现一些效果得到改善的图片（但仍不完美），可以把有进步的图片继续发送到Inpaint中，然后继续在上面进行迭代生成，逐步缩小问题区域。最终的修复效果如图5-21所示。

图5-21　修复后的结果

5.2.2 使用特制的大模型

有一些模型是经过专门数据集训练而成的，用于解决某一类特殊的问题。可以在AIGC Cafe站点上搜索有助于生成真实感照片的大模型。搜索结果如图5-22所示。

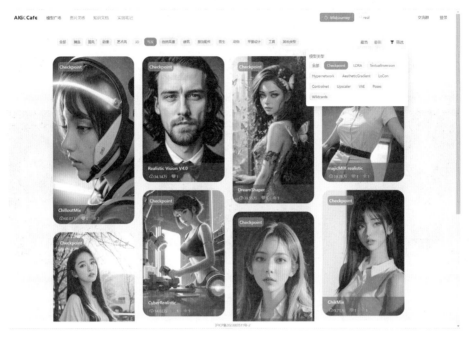

图5-22 在资源网站寻找专用模型

接下来测试一些模型的效果，使用和上一节一样的提示词，设置相同的seed，并使用ControlNet控制相同的姿势，如图5-23所示。

图5-23 设置seed、ControlNet的姿势

各模型的生成效果如图5-24所示。

可以看到，模型的选择影响很大，因此模型的选用也是一个技巧，应根据绘图的需求来考虑选择对应的模型。

Dream Shaper

Majicmix Realistic

Chilloutmix

XXMix_9realistic

Beautiful Realistic Asians

Realistic Vision

图5-24　六款模型效果对比

5.2.3　使用小模型

可以使用一些小模型（LoRA、Textual inversion、hypernetwork等）来进一步提高画面的质量和效果，同样可以在模型网站搜索到，如图5-25所示。

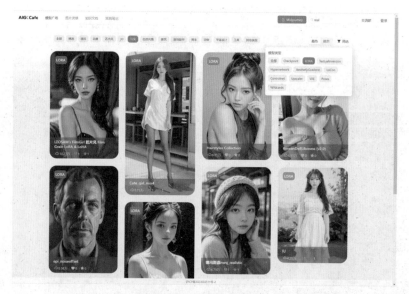

图5-25　资源网站上搜索有助于生成真实照片的小模型

不同的模型侧重点不一样，有的模型类似滤镜，会给画面增添质感；有些模型则属于人物模型，能够将指定人物的五官很好地还原出来；有些模型则会深刻地改变画风，形成另类的风格。LoRA模型是目前比较常用的小模型类型，本节背景是绘制真实感照明，所以主要寻找一些能够给画面带来真实感的LoRA模型。

接下来选择一些模型，并基于Dream Shaper生成的结果来看看叠加LoRA小模型之后画风的变化，如

图5-26所示。

Dream Shaper　　　　　　Dream Shaper + Film Grain　　　　Dream Shaper + chilloutmixss

Dream Shaper + ShojoVibe　　Dream Shaper + KoreanDollLikeness　　Dream Shaper + epi_noiseoffset

图5-26　使用LoRA模型塑造特殊效果

　　Film Grain可使画面变得有点胶片感，epi_noiseoffset是一种特效LoRA模型，它可以生成效果更好的暗色调照片。效果类似"黑暗工作室""夜晚""昏暗灯光"等黑暗关键词。另外也可以使用些真实服装的LoRA，这样也会使整体看起来更加真实。

5.2.4　姿势控制

　　姿势除了使用提示词，更便捷高效的方式是使用ControlNet插件，ControlNet目前已经成为控制人体姿势和画面构图的事实标准。可以去一些免费照片网站搜索以获取参考图像。用男人、女人、站着、坐着等关键词搜索，可以找到构图参考图片，如图5-27所示。

图5-27　在Pinterest图片网站上可以找到参考图片

如果没有ControlNet，几乎不可能控制场景中两个或多个人的构图和姿势。现在，只须找到一个参考图像，就可以进行工作了。

导入一张如图5-28所示的姿势参考图。

图5-28　姿势参考图

使用ControlNet生成的新图片如图5-29所示。

图5-29　根据姿势图生成的图像

5.2.5　图片放大

生成出满意的图片之后，图片可能并不清晰，部分细节可能也比较模糊，此时可以使用AI算法来放大图片。放大图片时，AI算法能够创建内容来填充细节，使图片更加清晰。在Stable Diffusion中，共有三种方式可以用来放大图片，它们各有不同的特点，需要结合具体应用场景来进行选择。

1. AI放大算法

AI放大算法（AI Upscale）是一种经过训练的AI模型，用于放大照片并填充细节，使图片保持清晰，如图5-30所示。

图5-30　AI放大器

放大修复后的效果如图5-31所示。

图5-31　使用webUI内置AI放大器对图片进行放大的效果

如果原图片本身就是模糊的，或者细节有一些虚影之类的瑕疵，AI放大算法也无法帮助消除这些缺陷，因为它只是根据原图来进行放大，并不会过多地干预原画的内容。这种放大方式适合一些需要高保真的场合。

2. 使用SD Upscale放大脚本

使用SD Upscale放大脚本除了会放大图片本身，对于细节部分也会进行重绘，所以也称为"高清重绘"，优点如下。

- 可基于原来的模型和提示词，高清重绘画面的细节。
- 可消除原图的一些缺陷，如伪影、模糊等。

SD Upscale的界面如图5-32所示。

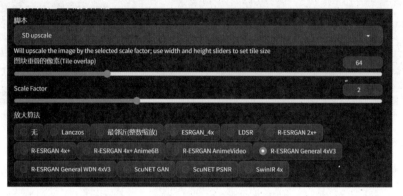

图5-32　SD Upscale脚本放大使用方式

通过这种重绘的放大方式生成的图片细节变多了，并且能修复原图所存在的一些缺陷问题（如模糊、虚影等），修复效果如图5-33所示。

图5-33　SD Upscale脚本放大重绘后的图片效果

5.3
插画的绘制

插画是一种图像艺术形式，通常是用于书籍、杂志、漫画、广告和其他出版物中的图画。它以绘画形式表现出故事、概念或信息。插画通过视觉表达方式来吸引读者的注意力，帮助他们更好地理解文本内容，或者简单地提供视觉上的享受和美感。

AI绘画是帮助创作者快速绘画的效率工具，在插画的创作过程中，主题的确立、构图的设计、视觉效果的设定、内容创意的表现等方面都需要创作者亲自操刀，AI工具在这个过程中则可充当助手的角色。本节将按步骤绘制一幅能够表达出信息的插画，希望能起到抛砖引玉的作用。

5.3.1 确定主题并构思情节

确定创作的主题是一门学问，也是进行插画创作前期必须进行的思考，表5-4所示是一些可供参考的来源。

表5-4　主题的灵感来源

主题来源	解　释
兴趣和激情	可以考虑自己的兴趣和激情。选择一个真正感兴趣的主题会更有动力去完成，也能更好地表达情感
目标受众	确定好目标受众。不同的受众可能对不同的主题产生兴趣，所以了解目标受众是非常重要的
情境和场景	想象一些场景和情境，考虑希望在插画中表现什么。这些情境可以是抽象的、想象的或者是现实生活中的场景
情感和情绪	考虑想要在观众中唤起的情感和情绪。插画可以是欢乐的、温馨的、悲伤的、惊险的等，选择一个与想表达的情感相关联的主题
时事和社会问题	考虑当前的时事和社会问题，有时候插画可以通过艺术的方式来传达一些社会信息或表达对某个议题的关注
文学和故事	可以从文学作品、故事或传说中寻找灵感。将一个故事情节转换成插画也是一个很好的主题选择
自我表达	不要忘记插画是表达自己的艺术形式。如果有一些个人的经历或情感需要通过画面来表达，也可以成为主题的来源
自然和环境	大自然、季节变化、动物、植物等都是优秀的主题。自然界提供了丰富多样的元素可以用来创作插画
幻想和奇幻	可以考虑选择一些幻想的主题，创作出神秘、奇幻的画面
文化和历史	也可以从不同的文化和历史事件中寻找灵感，展现出独特的视角

一旦确定了插画的主题，接下来就需要丰富画面的内容并确定绘画的构思。这个环节是考验个人创作能力的关键环节，本节仅能提供一些参考建议，读者可以结合主题，并按照表5-5所示的项目来进行构思。

表5-5　构思画面内容的思路

思　考　点	解　释
主题的要点是什么	回顾确定的主题，明确主题的要点和核心信息。思考希望通过插画表达的主要概念或故事
画面中心	根据主题的要点，思考具体的内容题材，确立画面具体的内容，以表达出概念或者故事
角色行为和表情	如果插画包含角色，确保角色的表情和动作与主题相符。角色的表情和姿势可以加深插画的情感表达
环境和背景	为画面添加合适的环境和背景。背景应该与主题相呼应，但不要让它过于复杂，以免分散观众的注意力

续表

思考点	解　释
色彩	考虑使用何种色彩来传达主题的情感和氛围。色彩选择是影响插画情绪的重要因素
运用符号和细节	在画面中添加一些符号和细节来丰富故事和主题的表达。这些符号可以是象征性的或与主题相关的元素
构图和视角	尝试不同的构图和视角来呈现画面。有时候改变构图和视角可以带来意想不到的视觉效果

　　出于实践展示的需要，这里需要给自己设定一个主题。当前AI技术发展日新月异，世界仿佛又来到了一个即将发生变革的拐点，结合时代热点以及个人兴趣，在这里设置一个主题：科技与未来——创意地描绘未来科技场景，如智能城市、虚拟现实和机器人等。

　　接下来，具体地构思插画的内容，结合自身阅历并结合上表来进行辅助思考，如表5-6所示。

表5-6　根据主题构思的内容

思考点	内　容
主题的要点是什么	在未来，机器人真正地融入人们的生活，将科技与生活气息相结合
画面中心	一个机器人在厨房忙碌着，而家里的主人正躺着惬意地看着电视
角色行为和表情	机器人：洗着碗，并削着一个苹果，认真、细致、专注、微笑、开朗 主人：躺姿、放松、慵懒的
环境和背景	主要为室内环境，装修要有科技感
色彩	科技与生活相结合，暖色调多一点，营造温馨、明朗、幸福的感觉
运用符号和细节	可以添加些有生活气息的物品以及科技感的设备，物品可增加一些品牌标志
构图和视角	可采用正视图，突出机器人角色和背景里人物的对比

　　经过上面的思考并修正，可以大致清楚要画些什么了，结合第3章提示词写作框架，可以填入可能的提示词，如表5-7所示。

表5-7　初步的提示词

框架部分	标　签　组
画面质量	best quality, master piece,HDR,UHD,8K
艺术风格	realistic,photography
构图	upper body,hand focus,eye level view
主体	a robot,wash dishes,peel a apple,a young man,lying on the safa
环境	indoor,kitchen,living room,sofa
画面效果	drop shadow

　　把上面这些提示词组合分别传送到Stable Diffusion和Midjourney，单击"生成"按钮之后，就可以得到插画图片。图5-34和图5-35所示是一些生成示例。

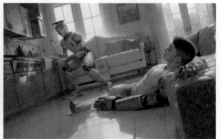

缺失了男主人，多了一个机器人　　　　缺失了男主人，大厅布置过于随意　　　　视角不对，人物变形错位

图5-34　使用Stable Diffusion + Dream Shaper模型绘制的效果

行为丢失，构图不对　　　　　　机器人行为不对　　　　　机器人行为不对、视角不对

图5-35　使用Midjourney绘制的效果

对于有较多主题构成的复杂画面，目前AI绘画是较难处理的，即使是Midjourney，当前在绘制多个人物，以及交互复杂的场景时，经常会出现一些不符合设定的图片出来，造成这一问题的原因之一在于当前AI绘画并未完全成熟，未来还有待继续训练，特别是关于画面内容的精确理解和重构，目前仍有较大的不足。另外也有可能是提示词写得不够准确，但并不是所有人都拥有极其高明的提示词工程能力，因此一般来说，按照一定框架写出来的提示词，就理应获得较好的结果。

当然，这个问题并非无法解决，可以采用分割+组合的思路来进行创作。例如可以将画面分为前景、背景、主体、物品这几类，分别创作，这样提示词之间的干扰也会小很多，然后利用Photoshop等工具将素材拼贴在一起，最后再导入Stable Diffusion中进行打磨，让素材自然地融合在一起。

5.3.2　画面布局

绘制插画需要设置画面的构图，包括整个画面的尺寸结构，画面由哪几部分构成，每个部分的内容是什么，例如人物在哪里，环境是什么样的，等等。表5-8所示是一些构图中所使用的技巧。

表5-8　画面布局设计技巧

思 考 点	内 容
明确主题和故事	确定插画的主题和想要传达的故事。这将有助于在构图时决定画面中需要哪些元素来表达主题
确定画面比例和尺寸	决定插画的比例和尺寸，这将影响到画面中元素的放置和布局
使用构图法则	运用一些构图法则，如黄金分割、对称、三分法等，将元素有机地安排在画面中
创造层次感	使用前景、中景和背景等不同层次的元素来创造画面的深度和立体感
考虑视角	决定画面的视角，是俯视、仰视、侧视还是其他角度，视角的选择将影响画面的表现效果
平衡和对称	确保画面的视觉平衡，避免过于集中在画面的一侧。对称或近似对称的构图常常给人以稳重感
运用对比	利用对比来增强画面的效果，如色彩对比、明暗对比等

结合上一节构思的情节，设定以下一些画面参数。

- 为表达故事，采用3∶4的画面比例，分辨率设置为600×800。
- 根据插画的主题和故事，将画面划分为前景、背景、主体（干活的机器人）、物品细节这几部分。
- 为使画面富有层次感，采用正视的视角，分前景、主体、背景三个层次，且具备透视。
- 采用一些构图法则，如黄金分割等。

根据设定的画面参数，设定整体的画面布局，如图5-36所示。

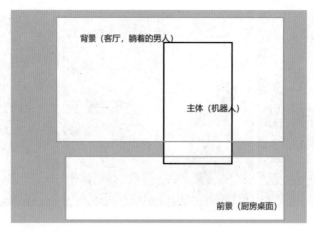

图5-36　一个简单的构图

5.3.3　绘制背景

本节聚焦于背景的绘制，根据构图中的设定，背景主要是一个客厅，客厅中有一位躺着的男孩，重新提炼提示词，将画面聚焦到环境的绘制上。

```
best quality, master piece,HDR,UHD,8K,
realistic,photography,
(((a young boy))),on sofa,Reclining Sitting,side view,playing games,
((from distance)),
((living room))
```

选用majicMIXRealistic_v6这个模型，模型和参数设置如图5-37和图5-38所示。

图5-37　majicMIX模型

Stable Diffusion的模型目前在控制镜头的距离方面也有些不足，如果距离远了，人物的姿态形象容易发生变形，画面质量也会下降，不过这个问题也并非不可解决，可以通过ControlNet的功能对生成的图片进行延展扩大，从而把镜头变长，距离拉远。要使用这个功能，需要安装最新版的ControlNet插件，如图5-38所示的V1.1.233版本，另外还需下载对应的模型：control_v11p_sd15_inpaint，这些都可以在资源网站上免费下载。

由于只画背景，提示词就变得相对简单了，内容得到了聚焦，AI能更加准确地理解，于是可以得到更加符合需求的图片。如图5-39所示，可以通过这样的方式获得准确表现在沙发上打游戏的男孩的图片，唯一不足的是这些图片镜头距离都比较近。

图5-38　绘制背景设定

图5-39　初步绘制的背景

接下来选择第一张图作为背景，对它进行扩展，ControlNet的配置如图5-40所示。

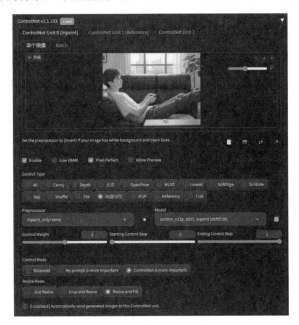

图5-40　ControlNet配置

预处理器选择inpaint_only_lama，并且选择Inpaint模型，Resize模式要注意选择重新变换大小并填充，其他位置不动即可。

另外，模型保持不变，提示词也保持不变，将画面的尺寸进行更改，原图是3∶4的图像，将其改变为3∶8，如图5-41所示，这意味着图片的宽度将扩大一倍，重绘将在图片的左右两侧进行。在实践中，可以逐步慢慢地扩大画面的比例，这样有助于获得更精确的结果。

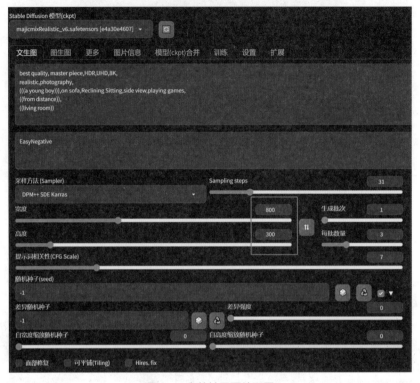

图5-41　向外扩展图片配置

宽度方向扩展完后，再进行高度的扩展，此时将生成的比例改为3∶4，最终生成的结果如图5-42所示。

图5-42　向外扩展一倍后的图片

虽然图片扩大了，但作为背景，人物还是距离镜头太近了，接下来继续向外扩展，如图5-43所示。

图5-43　宽度扩展两倍的结果

宽度向外扩展一倍后，客厅的空间慢慢显示出来了，继续扩展宽度，得到的效果如图5-44所示。

图5-44　图片向外扩展两倍的结果

目前看，作为背景，空间还是显得太小，可以继续扩大，在扩大的过程中，可以利用Inpaint功能把一些不想要的或者有瑕疵的细节遮罩起来，重绘并修复图片的内容。也可以修改原本的提示词，以指导向外扩展时生成的内容，设置如图5-45所示。

扩展后生成的效果如图5-46所示。

图5-45　向外扩展时修改提示词

图5-46　图片扩展三倍，另外绘制了水槽

5.3.4　主体人物的绘制

本节将聚焦于人物的绘制，根据构图中的设定，主体人物为一位正在做家务的智能机器人，由于机器人属于比较特殊的形象，现有的模型表现可能比较单一，可考虑使用专用的模型。此处选用ChilloutMix模型（如图5-47所示）来绘制主体人物，它在一些机器人上的绘制表现不错。

图5-47　ChilloutMix模型主页

人物的姿势可以使用Posemy（一款网页版人偶姿势生成软件）来制作固定姿势的3D人偶，并结合ControlNet中的OpenPose功能来绘制人物，如图5-48所示。

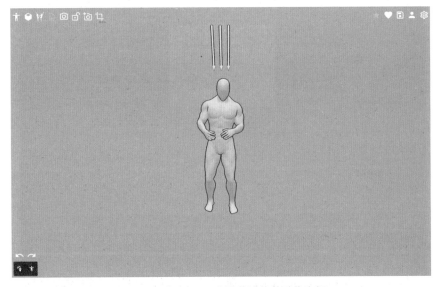

图5-48　利用Posemy制作指定姿势动作人偶

结合画面的构图给人偶摆好姿势，摆放好照相机并进行拍照，便可得到一张人偶姿势图片，由于要绘制的是人物的上半身，并且在做家务，所以只截取人偶的上半身，如图5-49所示。

图5-49　截取人偶的上半身

重新修改并丰富提示词，将画面聚焦到主体人物的绘制上。

best quality, masterpiece, illustration, an extremely delicate and beautiful,
extremely detailed ,CG ,unity ,wallpaper, (realistic, photo-realistic:1.37),
masterpiece,best quality,official art, extremely detailed CG unity 8k wallpaper,
complex 3d render ultra detailed of a beautiful porcelain profile woman, android
face,

cyborg, robotic parts, (woman-machine:1.6),
(((((high-tech))))),(washing dishes::1.5),(((a sink))),((dishes)),

150 mm, beautiful studio soft light, rim light, vibrant details, luxurious
cyberpunk, lace, hyperrealistic, anatomical, facial muscles, cable electric wires,
microchip, elegant, beautiful background, octane render, H. R. Giger style, 8k,
robot, silver halmet

如图5-50所示，将人偶的上半身图像拖入ControlNet参考图片区域中，并选择OpenPose模型。

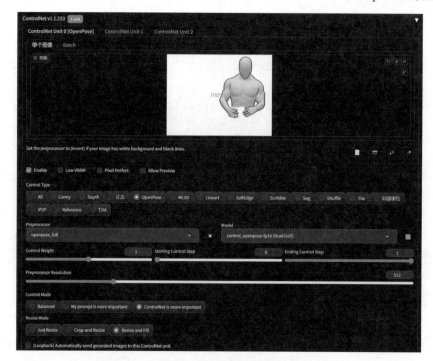

图5-50　ContorlNet设置

经过多轮生成，可以挑选一张符合设想的图片，将图片去除背景，并与上节生成背景图贴合在一起（使用Photoshop工具），如图5-51所示。

图5-51　主体人物生成并去除背景

至此，插画的初稿就完成了，如图5-52所示，整体审视下，基本符合之前设定的需求。后续可以在此图的基础上继续进行优化。

图5-52　插画初稿

5.3.5　修复缺陷及丰富细节

完成插画的初稿后，画面仍旧有不少缺陷，例如人物的手部存在些问题、水槽里没有碗筷、部分家具错位、人物长相比较单调等。不过Stable Diffusion十分擅长于对画面进行修复，可以通过Inpaint功能结合提示词引导来对画面进行多次的迭代修复，提高画面的整体质量，也可以使用更多的小模型来对画面局部细节进行重绘，以丰富细节。

1. 丰富动作及桌面细节

目前初稿中的洗碗槽中没有碗筷，人物洗碗的动作也不是很明显，可以采用Inpaint功能结合提示词来重绘这部分内容。这个过程需要反复、逐步地绘制，例如在Inpaint设定遮罩时可以先从小局部慢慢重绘，获得满意的结果后再慢慢重绘其他部分，如图5-53所示。重绘的过程并不会太顺畅，需要有一定的耐心。

图5-53　设置遮罩

　　设置遮罩有一定的技巧，原图能保留的轮廓地方要尽量保留，这样有助于AI处理好遮罩部分与非遮罩部分的衔接和融合，另外提示词也需要仔细斟酌，重点应放在遮罩部分想要绘制的内容，同时也要能保证跟非遮罩部分相合，避免出现遮罩与非遮罩部分冲突过大造成的画面扭曲。

　　设置桌面绘制内容的提示词如下。

```
(((scullery))),((dishes)),(((dishwashing))),water,((foam:1.5)),((bowls and
chopsticks:1.7))
```

　　初步生成的结果如图5-54所示。

图5-54　初步重绘的结果

可以发现手部洗碗动作仍不明显，而且水槽中的有些碗变形。针对这几个部分，遮罩起来继续进行重绘，得到的结果如图5-55所示。

图5-55　修复手部动作问题

重绘到这一步图片仍然存在一些问题，例如窗台没有物品，略显单薄，可添置一些物品，如图5-56所示。

图5-56　窗台添置物品

至此，桌面及手部动作的细节重绘完毕。

2. 人物外貌增强

截至以上步骤，插画中人物的样貌和表情仍然有些不足。首先是脸部，网红感太强，没有机器感，另外发型也不够前卫，无法彰显科技感。对此，继续使用Inpaint对画面进行重绘。在这个过程中需要使用一些小模型，可以在模型网站上搜索到各式各样的模型，如图5-57和图5-58所示。

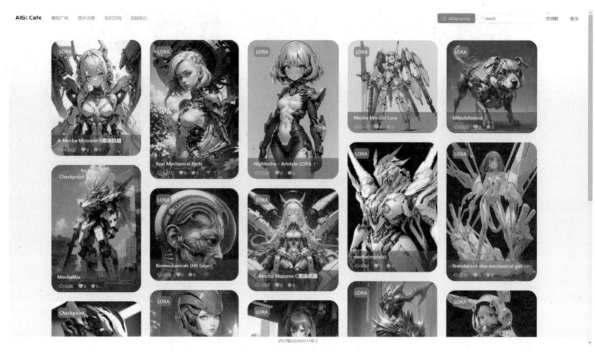

图5-57　搜索可得机械相关的模型

图5-58　人物刻画使用的主模型和小模型

如图5-59所示，将主模型切换为XXMix_9realistic，这个模型对其他较偏门的提示词支持比较好，机器人选用Robort小模型。提示词应该聚焦于对修改部分的描述，另外由于脸部较为细致，低分辨率下重绘效果会很差，需打开hires.fix进行高清重绘。

```
(robot woman:1.3),single, alone ,(looking down:1.2),((Ceramic skin:1.3)),gap,slit,
(long locks:1.5), (short hair:1.5),forehead,(glowing eyes:1.3),(blue pupil:1.6),
Eyelashes,((look down:1.4)),
(((a sink))),((washing dishes)), <lora:FINAL Robort:1>
```

多次重绘，并调整五官等细节后，得到的图片效果好了很多，如图5-60所示。

图5-59 脸部重绘

图5-60 重绘的脸部

头发部分也可以根据需要修改，对头发部分进行遮罩并调整发型的提示词部分；另外如果想获得更加具有真实感的头发，需要把之前的机器人LoRA模型关闭，避免影响真实发质的表现。打开hires进行高清重绘，可得到不同发型下的人物表现，如图5-61所示，可以从中选择一个喜欢的，然后继续接下来的创作。

这里选用银色短发来作为后续创作的基础，图片放大如图5-62所示。

（long locks:1.5），（short hair:1.5），forehead，　　　　（Mohawk:1.4），forehead　　　　braid ponytail,forehead,
（silver hair:1.3）

图5-61　人物的多种发型

图5-62　主体修复完毕

3. 室内细节修复增强

最后，可以对室内进行一些细节问题的修复或者添置一些物品，使画面内容更加充实，方法跟前面基本一样，选择合适的主模型和细分的小模型，然后应用Inpaint功能高清重绘遮罩的部分，提示词要切中要点，同时兼顾环境的影响。图5-63所示是一些修复的结果图。

丰富客厅物品　　　　　　　　　　　　　　　完善背景细节

图5-63　修复结果图

5.4
电商场景应用

AI绘画在电商场景中的主要应用之一是代替商业拍摄，节省模特、场景、拍摄的成本，增强用户体验以及提高销售转化率。对于服装类电商，可以自动生成模特展示图，省去找模特拍摄的时间和费用。对于家电电商，可以自动生成家庭场景图，节省布置实景的费用。除了节省时间和成本，AI绘画可以生成更高质量的电商图片，帮助提高商品展示效果。另外，AI绘画还可以生成商品概念图，给予设计师和营销人员灵感和参考。

5.4.1　AI 模特

AI模特指的是利用Stable Diffusion生成模特展示图，生成的模特人脸并不是真实存在的人脸，一般不存在肖像权争议。本节将演示基于假人模特图片生成真人展示图，假人模特可以真实地反映商品的尺寸和试衣效果，但假人模特美观性较差，无法吸引用户。因此，可以选择利用Stable Diffusion将假人模特转换为真人，同时保留模特所穿的服装。图5-64展示了基于假人模特图生成真人模特的效果。接下来逐步讲解如何完成该效果。

原图　　　　　　　　　　　　　　　　　　　　　SD生成图

图5-64　基于假人模特图生成真人模特展示图

首先需要选择合适的Stable Diffusion模型，官方SD 1.5模型在生成人像时存在较为显著的缺陷，因此需要下载一个真实感较强的模型，这里选择Realistic Vision模型，如图5-65所示。最好选择下载inpainting版本，因为后续将用到Inpaint功能。将模型放置在models/Stable-Diffusion目录下，在UI上刷新后选择该模型。

图5-65　下载适用于真人的Realistic Vision inpainting模型

载入对应的模型后，切换到img2img页面中的Inpaint，上传假人模特图片。单击图片右侧的画笔按钮，对要保留的商品区域进行手动涂色，如图5-66所示，输入以下提示词。

```
a beautiful woman, best quality, 4k, masterpiece
```

图5-66　AI模特第一步，切换到Inpaint界面，并涂色选择要保留的衣服区域

然后，如图5-67所示，设置inpainting对应的参数。勾选"inpaint not masked"选项，这意味着AI绘画将对未涂色的区域进行重新绘画。调整图像的宽高比，使其适应原始的图像大小。最后单击"生成"按钮，等待出图，如果对结果不满意，可以设置Batch Count，一次性生成多张图片，挑选其中质量较好的一张作为最终结果。

图5-67　AI模特第二步，设置参数

以上展示的仅仅是最基本的功能，如果想要进一步提高生成质量，生成更好看的电商图片，就需要对图像进行更多的打磨。提供更详细的提示词，能让生成的结果更加符合要求，如图5-68所示在基本描述的基础上，添加了对背景的描述，生成的图片分别为室内（In door）、城市夜晚（city, night）和河流森林（river, forest）。

室内（In door）　　　　　　　　城市夜晚（city, night）　　　　　　河流森林（river, forest）

图5-68　AI模特，为背景添加更多的描述词

5.4.2 商品概念图设计

利用AI绘画来设计商品包装和广告是一种十分高效的方式。AI绘画可以根据输入的描述，提前展示商品的成果图，不仅可以给予设计师灵感，还能极大减少试错成本。这里选择使用Stable Diffusion或者Midjourney，输入以下提示词（设计酸奶包装），得到如图5-69所示的生成结果。

```
design yogurt packaging
```

图5-69　商品概念图设计，酸奶包装

简单的生成结果可能并不能满足实际的工作需求，一般来讲工作需求会更加定制化。假如想新推出一款榴莲味的酸奶，这种商品在现实生活中应该是不存在或者极少出现的，所以很难从其他竞品上获得参考。而通过Midjourney就能够获得很好的参考，在以上提示词的基础上，输入榴莲口味（durian flavor），最终得到的图片如图5-70所示，图中清晰地展示了榴莲的元素，不仅在背景中出现了真实的榴莲水果，还在包装上出现了榴莲图样。

```
design a durian flavor yogurt packaging
```

图5-70　商品概念图设计，榴莲口味酸奶

5.5
AI 特效玩法

抖音、快手、剪映等国内短视频平台以及一众相机应用和小程序，都在近年上线了大量的AI特效玩法。这些AI特效玩法大部分都是基于Stable Diffusion的图生图功能开发的，用户自拍或上传照片，生成有趣的特效图片。例如抖音爆火的AI绘画，将用户自身的照片变为漫画图像或仙侠图像。例如，剪映流行的瞬息全宇宙，用户上传一张照片后可以产生一段穿越不同宇宙的短视频。以及由妙鸭相机推出的数字分身，用户上传若干张自身的图片后，可以生成自己的数字分身，生成类似证件照和艺术照的大量图片。

5.5.1 AI 绘画特效

AI绘画特效在各类短视频平台上都能看到，包括抖音、快手和小红书。用户上传一张图片后，生成一张定制风格的图片，例如日漫风格和3D皮克斯风格等。其背后借助的就是Stable Diffusion最基础的以图生图功能，用户上传图片后不需要输入任何提示词，凭借产品预先设置的提示词模板，就能够生成美观的动漫图片。

图5-71和图5-72分别展示了抖音和快手目前在App上推出的AI绘画特效，根据风格有许多种类可以选择。例如，AI漫画、AI仙侠、AI兵马俑、AI校园风、AI神明等。每一类风格一般会对应不同的Stable Diffusion模型。上传图片后，用户需要等待若干秒，才能获得对应的图生图结果。

相比本地图生图，AI绘画作为特效使用时，免去了用户输入提示词（Prompt）和调节参数的麻烦。提示词由抖音或快手预先设置好，用户只需要上传图片即可。

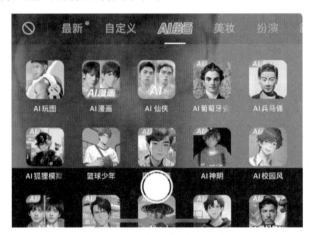

图5-71 抖音推出的AI绘画特效

图5-72 快手推出的AI绘画特效

图5-73展示了抖音AI漫画特效的实际效果。

输入的原图　　　　　　　　　AI漫画生成的结果

图5-73　抖音AI漫画效果展示

　　除了这种单图生成单图的特效，剪映还提供了单图生成多图的模板。图5-74展示了剪映App中生成四宫格和六宫格模板的特效。在漫画风格大类的基础上，模板本身还进行了细分，例如日系、神明、猫系和犬系等细分风格。这些风格应该是在同一个动漫模型的基础上，通过提示词进行控制的。例如日系风格属于漫画风格的默认风格，神明风格可能在提示词中增加了"halo（光环）""goddess（女神）"等词汇，猫系风格可能增加"cat""kitty"等词汇，精灵风格可能增加了"elf（精灵）"。

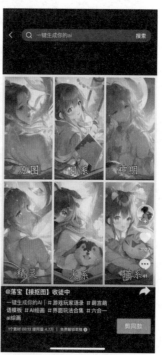

图5-74　剪映AI绘画模板生成

5.5.2 瞬息全宇宙

　　瞬息全宇宙特效这个名字正是来源于电影《瞬息全宇宙》，主角体验不同宇宙下的不同人生，相比AI绘画属于更加复杂的高级玩法，整体产品形态是图生图视频。用户上传一张图片后，会生成一段10秒左右的短视频，短视频内容是以这张图为模板的不同形态，视频内容会在不同风格之间渐变，例如中国风、赛博朋克风格、漫画风格等。一般瞬息全宇宙会向用户展示超过10种以上的风格，让人产生一种在多元宇宙中穿越的感觉。

　　图5-75展示了在抖音中瞬息全宇宙的实际使用效果。用户上传一张图片后，可以生成一段12秒的视频，根据进度条的推进，风格会发生比较大的变化。从实现方式来猜测，应该是将一张图片生成多个风格的结果，然后再将图片拼接成视频，通过插帧和剪辑的方式，最终给用户呈现一段自然流畅并具有冲击力的视频。

图5-75　抖音瞬息全宇宙特效展示

187

5.5.3 数字分身

数字分身相比AI绘画和瞬息全宇宙，成本和复杂度更高，在产品形态上已经逐步向定制化数字人靠拢了。妙鸭相机小程序凭借数字分身在短时间产生了很大的影响力，可见用户对于数字分身这个特效和产品还是十分认同的。用户需要上传20张自己的图片，经过半小时训练后，生成一个数字分身。基于该数字分身，用户可以借助AI生成以自己个人形象为主题的图片，例如个人证件照和个人艺术照。生成出来的个人AI形象会在一定程度上像本人，同时又具备美化的效果，达到一种高级版美颜的程度。相比美颜，这种数字分身的自由度更高，可以生成不同的场景和动作。

图5-76展示了使用妙鸭相机小程序制作数字分身的步骤。用户需要上传正面照，以及20张生活照。正面照要求五官清晰，不是侧面，无遮挡，且整体不模糊。20张生活照最好是多光线、多背景、多角度和多表情的。注意20张照片要避免上传多人图片以及动物图片，否则可能会让AI产生歧义。

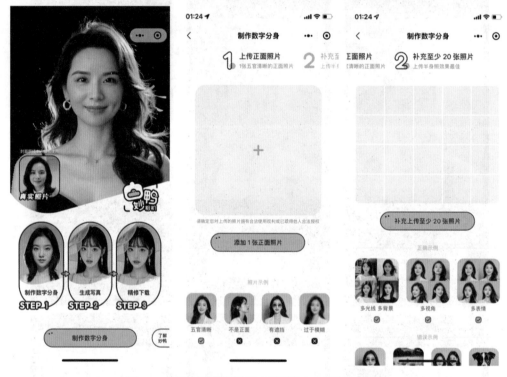

图5-76 使用妙鸭相机小程序进行数字分身制作的步骤

上传完图像后，制作数字分身最少需要半小时。妙鸭相机小程序会根据这20张图片制作一个属于用户的个人LoRA模型，这一模型会保持个人的面部ID信息。这样在使用Stable Diffusion生成时，就能将自己的人脸形象加入生成的图片当中。

图5-77展示了妙鸭相机数字分身的生成效果，该产品在生成数字分身后，可以选择海量的模板，包括证件照和艺术照，单击模板后，经过若干秒的等待，就可以生成个人形象和模板的结合效果。

该效果和之前的换脸产品有些类似，但实现方式完全不一样。换脸所使用的技术是Deepfake，而这种数字分身的使用的是Stable Diffusion技术。虽然表面上产品形态类似，但效果和未来想象空间完全不一样。Deepfake换脸技术是输入两张图片，将图片A的人脸完全替换到图片B上，换脸完成后除了脸部，照片的其他内容是完全一致的，并不能创造新的内容，例如背景、服装、表情、发型等。而基于生成的个人形象，整个照片都是生成出来的。虽然妙鸭相机这款应用也提供了一张图片作为模板，但实际上生成的人物在脸部以外的细节上和模板图片是不一致的，例如图5-77所示中的发型、脸型、衣物和耳朵都存在差别。另外，生成的个人形象长相和自己并不是完全一致的，会有一种和模板人物长相轻微混合的感觉。以上这些都是单纯的换脸技术无法做到的。

模板　　　　　　　　　　个人形象

图5-77　数字分身生成个人形象艺术照

通过模板来生成数字形象仅仅是Stable Diffusion的一部分功能，从实现方式猜测，妙鸭相机大概率使用了ControlNet和模板来进行可控生成。模板图片作为一个控制选项，加载个人LoRA后，通过以文生图后，得到最终的证件照图片。

理论上，通过数字分身和文字描述，可以轻松给自己生成任意的照片，例如"某人在火星散步""A和B的婚纱照""某人和名人共进晚餐"等。

5.6
艺术二维码制作和版权图片生成

5.6.1　生成艺术二维码

二维码是一种能够在小空间内存储大量信息的编码形式。它是由黑白相间的小正方形组成，可以通过扫描二维码的方式来解码其中的信息。二维码已经广泛应用于商业、教育、医疗、物流等各领域，例如商品销售、支付、签到、物流追踪等。

艺术二维码是在传统二维码的基础上，加入了艺术元素，通过艺术设计的手段来美化二维码并提高其辨识度。艺术二维码不仅可以传递信息，还可以成为一种具有艺术价值的创意设计作品。艺术二维码的种类包括带有图像或图形的二维码、带有艺术元素的二维码等。艺术二维码可以应用于印刷品、广告、艺术展览等多个领域，并且随着数字化艺术和虚拟现实等技术的发展，艺术二维码的应用前景也越来越广阔。

借助Stable Diffusion和ControlNet插件，可以很方便地将二维码转变为艺术二维码。这种二维码形态十分多变，相比普通的艺术二维码，可以用非常丰富且自然的形式来展现，如图5-78所示，分别生成了雪景房屋、水果摊和生日蛋糕三种艺术二维码款式，其中的黑色编码部分能够很自然地融入到景物当中。

雪景房屋　　　　　　　　　水果摊　　　　　　　　　生日蛋糕

女孩　　　　　　　　中国传统纹样　　　　　　　　水墨画

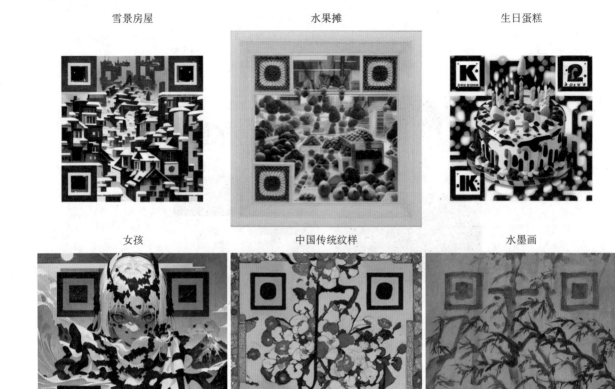

图5-78　艺术二维码结果展示

接下来介绍生成艺术二维码的实践步骤。

01 首先，在生成基础二维码时，最好选择较高的容错率，将图像宽高尺寸调整为512×512，选择最高的容错率30%，如图5-79所示。这是因为Stable Diffusion在生成艺术二维码时，会在一定程度上扭曲二维码的原始信息。

图5-79　生成基础二维码

02 生成基础二维码后，打开Stable Diffusion，随意选择一个基础模型加载，这里选择RealisticVision。切换到img2img页面，将上个步骤中生成的二维码上传到img2img中，如图5-80所示。以雪景房屋为例，输入以下提示词，分辨率调整为和二维码一致，即512。

a cubism painting of a town with a lot of houses in the snow with a sky background, Andreas Rocha, matte painting concept art, a detailed matte painting

图5-80 艺术二维码制作，切换到img2img页面

03 接着，需要配置ControlNet相关的选项。为了提高最终二维码的识别成功率，需要将二维码也上传到ControlNet中的输入，使得二维码成为更强的控制条件，如图5-81所示。注意，这里基础二维码图片被上传了两次，一次是在img2img的输入中，另一次则是在ControlNet的输入中。

图5-81 艺术二维码制作，将二维码输入ControlNet

04 除此之外，还需要对ControlNet的参数进行配置。勾选Enable复选框以开启ControlNet功能，选中Tile单选按钮。如果之前已经下载过ControlNet相关的模型，则会自动加载ControlNet + Tile模型。如果是第一次使用，则需要从网址①中下载模型control_v11f1e_sd15_tile.pth。图5-82展示了ControlNet配置参数的过程。其中

---

① https://huggingface.co/lllyasviel/ControlNet-v1-1/tree/main

"ControlNet Weight"被设置为1，"Starting Control Step"设置为0.1，"Ending Control Step"设置为0.9。这种调整是为了让艺术二维码在生成时，能在一定程度上脱离基础二维码的控制，生成自由度更高且更自然的图片。

图5-82 艺术二维码制作，调整ControlNet的参数

05 将一切调整就绪后，单击Generate按钮，就可以得到想要的艺术二维码。

基于此种方案生成的艺术二维码并非每次都会成功，因为Stable Diffusion的生成过程具有一定随机性，如果生成的结果与原始的二维码差距过大，则可能导致无法识别。用户可以在此基础上，调整控制的强度，以生成质量更高的二维码。按照以上设置，大概有70%的成功率。将Control Weight调高能提高控制强度，使艺术二维码的成功率提高，但自由度降低。反之，降低Control Weight有可能会降低二维码成功率，但可能会生成更加自然惊艳的二维码图片。

与此类似的还有Control Step，这里设置为0.1~0.9，意味着生成的步骤中，从10%~90%的步骤都受到基础二维码的控制。如果将控制的范围调小，例如调整为20%~80%，生成图像的自由度会提高且成功率降低。

5.6.2 生成商用版权图片

商用版权图片用于营销，例如广告素材中出现的保洁人员图片、律师医生等职业照图片，以及动物图片等。通过AI生成的方式，能生成现实中不存在的人像，从而避免因侵犯肖像权产生版权纠纷。

可以借助Midjourney或者Stable Diffusion生成对应的商用版权图片。Midjourney允许付费用户创作的图片商业使用，但如果收益超过每月2万美元以上，则需要分成。具体的分成比例如下。

- 付费版用户每个月需支付30美元，生成的图片可用于商用。
- 若因 Midjourney 获利在每月2万美元及以下的，不用支付 Midjourney分成。
- 若因 Midjourney 获利在每月2万美元以上的，需要支付 Midjourney 20% 的分成。

特殊情况也可以跟官方签订协议，和 Midjourney 商讨出其他分成比例。而Stable Diffusion由于是开源的软件，本身无任何限制，只要生成的图像不侵犯他人肖像权即可。

生成保洁人员版权图片，在Midjourney中输入以下提示词，得到的结果如图5-83所示。

A cleaner smile and looking in view

生成宠物医院医生版权图片，输入以下提示词，得到的结果如图5-84所示。

pet doctor holding a cat, smile

生成一个微笑的快递员版权图片，输入以下提示词，得到的结果如图5-85所示。

a delivery man smile

图5-83 生成保洁人员版权图片

图5-84 生成宠物医生版权图片

图5-85 生成微笑的快递员版权图片

5.7
本章小结

　　本章选取了6个应用案例，向读者展示了AI绘画的具体实践流程，提供了一些参考的作用，为读者指明方向。

　　5.1节介绍了头像的制作流程，建议读者按照一定的思考方式来进行创作，这样的创作过程会显得清晰而富有逻辑，在头像的绘制实践中，展示了提示词的基本用法，同时也展现了Inpaint功能在创作过程中的重大作用；5.2节介绍了绘制出真实感照片所需的提示词，包括画质、风格、光照等方面的提示词，同时也引入了更多模型和插件的应用，这些模型和插件能增强图片的效果，高清修复图片；5.3节主要讨论了AI在插画绘制中的应用，使用AI绘画的本质目的是要创作内容，要能赋予图片主题或者故事。围绕着这个目标，介绍了插画创作的一般思考流程，读者可参考这个流程来指导创作；在5.4节介绍了如何生成模特商品图并变更模特和背景，同时也展示了AI在生成商品概念图方面的潜力；5.5节探索了多款国内主流App，AI绘画开始作为特效功能融入现有产品中去，有些产品开发出数字分身功能，引起了人们广泛的兴趣；5.6节介绍了最近十分流行的图像二维码生成方式，同时介绍了如何生成AI版权图片，以应用于营销场合。通过认真阅读并实践本章内容，相信读者能获得较高的AI绘画水平。